Kleine Senckenberg-Reihe 53

Frauke Fischer

Heinrich Schneider

PLANET 3.0

Klima. Leben. Zukunft

Zeitstrahl

Dieses Buch erzählt zwei Geschichten.

Im eigentlichen Buch geht es um die Erde, um **Klima** und **Leben**. Und darum, wie wir die **Zukunft** meistern können.

Und dann erzählt das Buch eine zweite Geschichte – die Geschichte der Welt als Zeitstrahl. Sie handelt davon, woher wir kommen, was vor uns geschah – und vor allem, wie lange es dauerte, bis der Mensch die Bühne des Lebens betrat.

Die Welt, unsere Erde, ist 4,6 Milliarden Jahre alt. Diese Zeitspanne ist von Geologen in Abschnitte, die Erdzeitalter, eingeteilt worden. Viele Namen der Erdzeitalter leiten sich von Gesteinen oder Erdregionen ab. Um die Übersicht zu erleichtern, stellt man die Zeitabschnitte normalerweise in ähnlich großen Abschnitten dar, die nicht ihre wirkliche Dauer widerspiegeln. Auch deshalb, weil sehr lange aus der Sicht von Menschen sehr wenig passierte. Auf der Innenseite des Umschlags sehen Sie eine lineare Darstellung der Erdzeitalter.

Die Geschichte der Erde haben wir im Fuß jeder Seite des Buches aufgefächert. Jede Seite umfasst 42,2 Millionen Jahre. Eine Milliarde Jahre – bis Seite 26 – war die Erde in großem Aufruhr, nicht wirklich ein Ort, auf dem wir hätten leben können. Erst auf den letzten 14 Seiten, nach der Kambrischen Explosion, blüht das Leben auf wie nie zuvor. Auf der letzten Seite erscheint der Mensch. Damit endet das Buch, aber nicht die Geschichte der Erde.

Wenn die Seiten dieses Buches das Alter der Erde darstellen, dann entspricht die Breite jeder Seite ungefähr 42,2 Millionen Jahren ...

Inhaltsverzeichnis

Am Anfang
vor 4.600.000.000 oder 4,6 Millarden Jahren …

Die Erde brodelt.

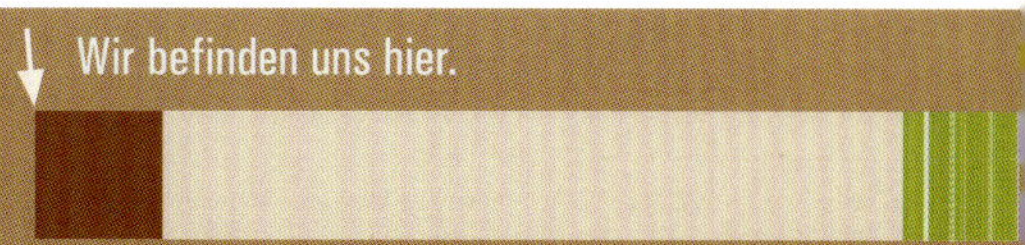

Das Hadaikum ist benannt nach der griechischen Unterwelt „Hades". Unser Sonnensystem entsteht und mit ihm unsere Erde. Das Hadaikum dauert 600 Millionen Jahre. Das sind 15 Buchseiten.

Grusswort

Was wird aus unserem Heimatplaneten Erde, der seit über vier Milliarden Jahren existiert und eine Vielfalt von Leben hervorgebracht hat, auf dessen Bühne *Homo sapiens* erst seit etwa 200.000 Jahren mitwirkt, dies aber inzwischen in einem Umfang tut, dass er zunehmend seine eigenen Lebensgrundlagen verbraucht und zerstört? Dieser hochaktuellen Frage nach unserer langfristigen Zukunft widmet sich das vorliegende Buch „PLANET 3.0 – Klima. Leben. Zukunft", das als Begleitbuch zur gleichnamigen Sonderausstellung des Senckenberg Naturmuseums Frankfurt entstanden ist.

Ganz im Sinne dieser Ausstellung ist es kein weiteres „Katastrophen-Buch", sondern ein wissensbasiertes „Mut-mach-Buch". Kurzweilig geschriebene, reich illustrierte Kapitel, die alle auch für sich selbst stehen und gelesen werden können, dokumentieren anhand neuer wissenschaftlicher Informationen und Daten, wie wir Menschen in ein auch natürlicherweise hochdynamisches „Erdsystem" eingreifen und dass Klimawandel und Biodiversitätsverlust unmittelbar gekoppelte Schlüsselprobleme darstellen, die es auch gemeinsam zu lösen gilt.

Das Buch macht Mut, weil es nicht nur zeigt, worum es im Konkreten geht, was wir wissen und wie intensiv die Wissenschaft gerade auch in Deutschland zu diesen Umweltfragen forscht, sondern weil es auch die Lösungswege aufzeigt. Und nicht zuletzt betonen die Autoren, dass „die Welt retten Freude macht und spannend ist" – und genau so liest sich das Buch auch!

Prof. Dr. Dr. h.c. Volker Mosbrugger,
Generaldirektor, Senckenberg Gesellschaft für Naturforschung

Unser Sonnensystem ist entstanden und mit ihm unsere Erde.

Vor etwa 4,5 Milliarden Jahren trifft der Protoplanet Theia die Erde und reißt einen Teil der Erdmasse in eine Umlaufbahn. Der Mond entsteht.

Wir befinden uns in der Zeit vor 4.560.000.000 Jahren.

Vorwort

Foto: ©Hessische Staatskanzlei

Für uns alle ist es wichtig, etwas darüber zu wissen, wie sich die Natur entwickelt hat und wie sich diese Entwicklungen in der Vergangenheit gegenseitig beeinflusst haben und heute beeinflussen. Wissen darüber ist nicht nur interessant, es ist für uns auch von Bedeutung. Denn wir müssen als Bürgerinnen und Bürger einer demokratischen Gesellschaft unter Umständen Entscheidungen treffen, die Einfluss auf die Entwicklung der Natur haben können. Ein Beispiel dafür ist der Klimaschutz. Die Umwelt ist in der Folge der Industrialisierung der vergangenen zwei Jahrhunderte großen Belastungen ausgesetzt. Wir alle sind aufgerufen, diesen Belastungen zu begegnen. Hier ist zum einen die Kompetenz von Fachleuten gefordert. Zum anderen ist aber auch die Mitwirkung aller Bürgerinnen und Bürger gefragt, denn sie entscheiden in der Demokratie mit darüber, was geschieht. Sie können umso fundierter urteilen, je mehr Informationen und Kenntnisse sie haben.

Das Begleitbuch zur Ausstellung „PLANET 3.0 – Klima. Leben. Zukunft" wie die Präsentation im Senckenberg Naturmuseum selbst kann einen wesentlichen Beitrag dazu leisten, über die Zusammenhänge in der Natur zu unterrichten. Sie kann zeigen, wie das Klima der Vergangenheit, das Leben auf der Erde gestern und heute sowie unsere Zukunft in Beziehung zueinander stehen. Deshalb freue ich mich, auf diesem Weg meine Verbundenheit mit der Ausstellung ausdrücken zu können. Mein Dank gilt allen, die an ihrer Verwirklichung wie an der Herausgabe dieses Buchs mitgearbeitet haben. Ich bin zuversichtlich, dass die Gäste wie die Leserinnen und Leser neue umfassende Einblicke gewinnen werden.

Volker Bouffier
Hessischer Ministerpräsident

Weil es auf der Erde mit Ausnahme von Meteoriten keine Gesteine gibt, ist das Hadaikum kein wirkliches geologisches Erdzeitalter.

Die Erde ist jetzt 126 Millionen Jahre alt.

Worüber sprechen wir?

▸Erde – Welt – Planet

Zu Hause, wie es gestern war, heute ist und morgen sein wird – und woher wir das alles wissen.

Wissenschaftler verwenden eine Vielzahl von Methoden, um Erkenntnisse zu sammeln und die Welt zu verstehen. Dazu gehören Messungen, Versuche, Theorien und manchmal auch ganz einfach die Festsetzung von Regeln und Definitionen. Die Bestimmung dessen, was ein Planet ist, ist ein Beispiel für eine solche Festlegung. Die Internationale Astronomische Union hat im Jahr 2006 neu festgeschrieben, dass ein Planet ein Himmelskörper ist, der a) sich auf einer Umlaufbahn um eine Sonne bewegt, b) vereinfacht gesagt, annähernd rund ist und der c) die nähere Umgebung seiner Bahn von anderen Körpern geräumt hat (also hier dominant ist). Pluto hat damals seinen Status verloren, weil er seine Umlaufbahn nicht von Weltraumtrümmern „säubert".

Die Erde ist einzigartig. Der dritte Planet unseres Sonnensystems liegt gerade in der richtigen Entfernung zur Sonne, in der habitablen Zone, in der es gerade so warm ist, dass Wasser flüssig bleibt. Die Erde hat einen Mond, der gerade groß genug ist, ihre Umlaufbahn zu stabilisieren. Sie ist groß genug, um eine Atmosphäre in ihrem Anziehungsbereich zu fixieren. Und sie hat Wasser! Wasser ist ein einzigartiger Stoff. Als einziges „Element" hat es seine größte Dichte bei 4°C, also im flüssigen Aggregatzustand. Eis ist leichter als Wasser. Dadurch schützt eine Eisschicht darunter liegendes Leben. Wäre es anders, würden (kleine) Gewässer von unten nach oben durchfrieren und so das Leben in ihnen auslöschen.

Zählt man auf, welche Zufälle und Konstellationen zusammenkommen mussten, um Leben entstehen zu lassen, kann man Peter Ward verstehen, einen amerikanischen Geologen, der den Begriff „Rare Earth" – Einmalige Erde – geprägt hat. Die Erde ist vielleicht wirklich die einzige Welt, auf der Leben möglich wurde, obwohl das Universum unendlich ist. Aber auch, wenn das anders sein sollte und viele belebte Himmelskörper existieren, sind sie bislang in der Unendlichkeit des Universums verborgen und für uns noch lange unerreichbar.

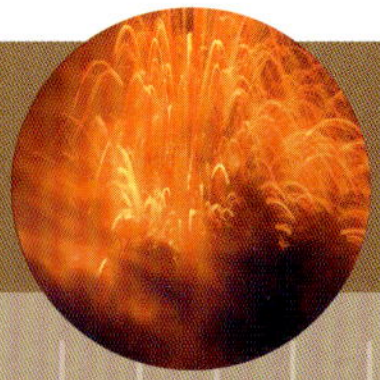

Zirkone sind mit ca. 4,4 Milliarden Jahren die ältesten Minerale der Erde.

Die Erde ist jetzt 168 Millionen Jahre alt.

Die Idee der Unendlichkeit – obwohl ja gar nicht vorstellbar – scheint nicht nur in unseren Genen verankert zu sein, sondern auch ein großer Vorteil. Wer wie wir eine Vorstellung von der Zukunft hat, der lebt gut, wenn er sie nicht als Gefahr, sondern als Chance mit vielen Handlungsoptionen sieht. Wer Unendlichkeit vermutet, der kann auch Grenzen überschreiten. Der packt seine Sachen und zieht fort, wenn es nicht mehr weiter geht, dort, wo er ist. Diese Sehnsucht, diese Hoffnung, bald die Gewissheit, dass es immer neue Welten auf der einen Erde gibt, ist seit Jahrtausenden ein Selektionsvorteil für uns Menschen. Wir sind nicht nur neugierig, sondern auch extrem anpassungsfähig. War nicht mehr genügend Platz für alle, war die Nahrung schwerer und schwerer zu beschaffen und die Konkurrenz groß – man schulterte die Habseligkeiten, belud Esel, Karren oder Schiffe und suchte sein Glück woanders. So wurden Welten entdeckt, Kontinente besiedelt, der Wilde Westen erobert.

Bis heute folgt der Mensch diesem „Frontier Approach", dem die Annahme zugrunde liegt, dass es hinterm Horizont immer weiter geht und neue Welten nur auf uns warten. Heute wissen wir: Die Erde ist nicht unendlich, und die Unendlichkeit des Universums bleibt für uns noch lange unerreichbar. Die tiefverwurzelte Hoffnung, es gäbe immer noch ein Anderswo, ist jetzt kein Vorteil mehr – unser gewohntes Handeln mit dieser Hoffnung im Hinterkopf ist einer der Gründe für die ökologischen Herausforderungen, denen wir uns stellen müssen.

Wir befinden uns in der Zeit vor 4,39 Milliarden Jahren.

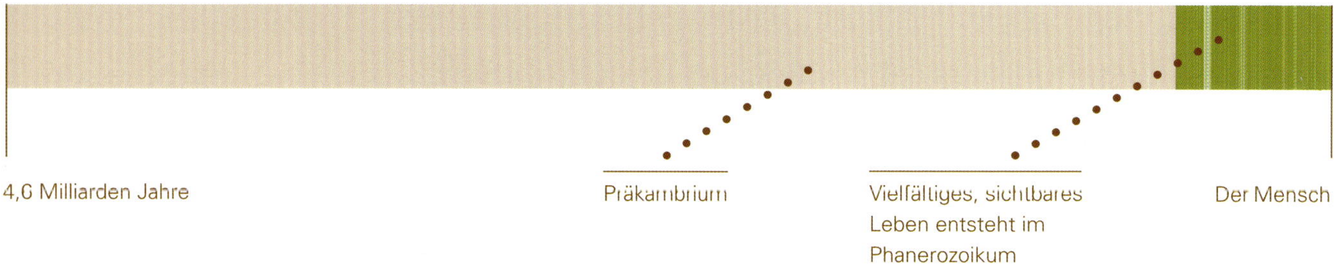

Die Erde ist ein dynamisches System, in dem der Mensch über die ersten 4,5998 Milliarden Jahre nicht existierte. Die Lebensbedingungen aller Organismen änderten sich ständig und nicht immer mit dem gleichen Tempo. Ökosysteme kamen und gingen, Arten veränderten sich oder starben aus. In der Vergangenheit traten Veränderungen meist so langsam auf, dass wir sie kaum hätten beobachten können. Hätte es uns damals schon gegeben, wir hätten das Aussterben der Dinosaurier gar nicht bemerkt, so langsam ging es vonstatten. Wir wähnen uns auf festem Grund, dabei schiebt sich die afrikanische Platte seit Millionen von Jahren mit fünf Zentimetern pro Jahr unaufhaltsam gegen die eurasische und türmte dabei die Alpen auf. Auch heute gibt es also noch solche langsamen Veränderungen. Viele sind unabhängig von der Aktivität des Menschen und kaum oder gar nicht beeinflussbar. Andere, wie der Klimawandel und der Verlust von Biodiversität, zeigen unseren Einfluss sehr deutlich. Manche dieser Veränderungen verlaufen so rasch, dass sie inzwischen schon direkt beobachtbar sind, weil sie innerhalb eines Menschenlebens auftreten.

Klimawandel und Aussterben gab es in der Erdgeschichte schon immer, und auch das 2-Grad-Ziel, das uns aktuell als obere Grenze der zumutbaren durchschnittlichen Erderwärmung gilt, hat die Erde schon mehrmals deutlich verfehlt. Mal war es über 50 Grad kälter, mal mehr als 20 Grad wärmer als heute. Doch diese Veränderungen und ihre Dynamik vollzogen sich über Zeiträume von tausenden oder sogar Millionen Jahren – Zeitmaße, die uns nicht betreffen, denn es gab ja noch keine Menschen. Was heute geschieht, hat in seiner Mächtigkeit nur wenige Vorläufer in der Erdgeschichte. Wir haben die langfristige Stabilität unserer Welt lange über- und unseren Einfluss auf die Dynamik des Lebens lange unterschätzt.

Dabei sind Menschen von jeher fasziniert von dem, was war, und versuchen seit Jahrhunderten, Vergangenes zu verstehen und zu bewerten und damit auch zukünftige Entwicklungen vorauszusagen und Empfehlungen für richtiges Handeln zu geben. Warum starben Dinosaurier aus? Wieso falteten sich Gebirge auf? Wo kommen wir her? Wie sieht die Zukunft unseres Planeten aus? Fragen, die Menschen angetrieben haben, ihre Umwelt zu untersu-

chen. Mit all diesen Fragen beschäftigen sich Wissenschaftler unterschiedlicher Disziplinen. Sie entlocken der Erde Geheimnisse längst vergessener Zeiten, beobachten und analysieren, was sich heute tut, und wagen den Blick in die Zukunft.

Durch ihre Arbeit wissen wir heute, dass sich das **Klima** auf der Erde langfristig immer wieder ändert und nicht dauerhaft stabil ist. Wir wissen, dass wir Klimawandel verursachen, und reagieren, indem wir Wege suchen, ihn einzudämmen oder Strategien für eine Anpassung zu entwickeln.

Wir wissen, dass wir unsere Welt mit einer nie dagewesenen Anzahl von Arten, Genen und Ökosystemen teilen – also in einer Zeit hoher Biodiversität leben. Wir verstehen, dass wir den Reichtum dieser Vielfalt an **Leben** durch unsere Angewohnheit bedrohen, Ressourcen zu übernutzen. Mit dem Verständnis für die Bedeutung von Ökosystemleistungen wächst aber auch unsere Bereitschaft, Natur zu schützen.

Biodiversität beschreibt die Vielfalt des Lebens auf unserem Planeten. Sie hat drei Ebenen: Die **genetische Vielfalt**, also die Variation innerhalb von Arten (z.B. die Vielfalt von Kaffeesorten oder Hunderassen). Die **Vielfalt von Arten**, also das Vorhandensein von verschiedenen Tier- und Pflanzenarten (Hunde, Löwen, Primeln). Die **Vielfalt von Ökosystemen** (Wüsten, Korallenriffe, Regenwälder) mit ihren Prozessen und Wechselwirkungen.

Es geht nicht um die Rettung der Welt, wenn wir uns mit Klima-, Naturschutz oder Nachhaltigkeit beschäftigen. Die Erde, unsere kleine Welt, braucht die Menschen nicht. Es geht um die Sicherung unserer ureigenen Lebensgrundlage auf einem Planeten 3.0. Das ist heutigen und sicher auch kommenden Generationen Antrieb zur Forschung, wenn wir uns über unsere **Zukunft** auf dieser Erde Gedanken machen.

Für diese Erkenntnisse leisten die Wissenschaftler der Senckenberg Gesellschaft für Naturforschung und ihre Partner einen wichtigen Beitrag. Unser einzigartiges Zuhause zu erhalten, liegt in der Verantwortung von uns allen. Abenteurer, die wir sind, sollten wir das nicht als Bürde, sondern als spannende Aufgabe und eine zu meisternde Herausforderung betrachten.

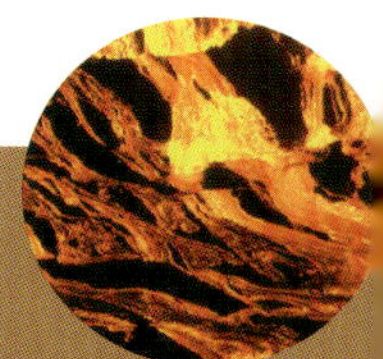

Die Welt vor uns

Klimazeugen, Spuren des Lebens

Vor 4,6 Milliarden Jahren formte sich unser Sonnensystem mit der Erde. Sie zieht als 3. Planet ihre Bahn um die Sonne. Es dauerte eine Milliarde Jahre evolutionären Experimentierens im Wasser, bis das stabile Grundelement des Lebens entstanden war – die Zelle. Dann ging es schnell: Sauerstoff in der Atmosphäre ermöglichte Landleben, extreme Klimaschwankungen machten die Erde zum gigantischen Schneeball oder, von Pol zu Pol, zum tropischen Ökosystem. Superkontinente bildeten sich und zerbrachen. Pflanzen und Tiere entwickelten sich zu nie gekannter Vielfalt. Die Spuren des Lebens – sie sind überall. Man muss sie nur finden.

Muschelreste in den Alpen, Kohleflöze in der Antarktis, Gletscherspuren in der algerischen Hitze: Was ist hier geschehen? Schon immer fragten sich wohl Menschen, wie die Welt vor uns ausgesehen hat. Dabei beobachten und lernen wir immer besser, die Spuren um uns herum zu lesen und zu deuten.

Die Welt vor uns hat sich immer wieder dramatisch verändert. Getrieben von Konvektionsströmungen des Mantels im Erdinneren wandern die Kontinente über die Erdoberfläche, reißen auseinander und prallen wieder zusammen. Gebirge türmen sich auf, Ozeane entstehen und vergehen wieder. Eiskalten Zeiten mit Gletschern bis zum Äquator folgen tropische Zustände bis zu den Polen. Wärmeres Klima befeuert die Evolution, und neues Leben wirkt zurück auf das Klima. Sümpfe und Wälder wandeln sich zu Kohle, Plankton der Meere wird zu Erdöl gepresst.

Überall auf der Welt hinterlassen diese Veränderungen Spuren. Winzige Kristalle, über vier Milliarden Jahre alt, erzählen vom Beginn der Erde. Urformen des Lebens, kleine Algen, bewohnen noch heute unsere Ozeane. Gesteinsschichten mit eingeschlossenen Fossilien lassen uns erahnen, welche Vielfalt des Lebens es schon Millionen, Milliarden von Jahren vor uns gegeben hat.

Immer besser werden wir darin, diese Spuren zu erklären. Auch wenn wir nur Puzzlestückchen finden und nicht genau wissen, wie groß das Puzzle überhaupt ist – der Blick zurück ist faszinierend. Und die Vergangenheit zu kennen, hilft uns, die Beobachtungen in der heutigen, menschenbewohnten Welt zu verstehen und einzuschätzen, so dass wir in der Lage sind, ein bisschen zumindest, in die Zukunft zu schauen.

Und die Muscheln in den Alpen? Sie zeigen an, dass die Gesteine des Gebirges vor Urzeiten Meeresboden waren. Die Kohlevorkommen in der heutigen Antarktis sind entstanden, als dieser Kontinent noch am Äquator lag, und Furchen im Gestein, eingeritzt vor Millionen Jahren, sind Zeugen der Vereisung der Welt.

Woher wissen wir, was vor uns war?

Woher wissen wir eigentlich, wie die Welt ohne uns aussah? Wie und wohin sich Lithosphärenplatten verschoben haben, welche Tiere und Pflanzen es z.B. vor 200 Millionen Jahren gab, oder welche klimatischen Bedingungen vor 47 Millionen Jahren in der Grube Messel herrschten? Was sind die Zeugen längst vergangener Zeit, die uns über die Welt vor uns berichten?

Mit einer Fülle von Funden, Beobachtungen, Experimenten und Messungen kann man die Veränderungen in der Gestalt der Erde, ihrer Biodiversität und ihrem Klima rekonstruieren. Dabei werden Aussagen umso spekulativer, je weiter sie in die Vergangenheit reichen, weil die Anzahl der Belege, der Zeitzeugen, naturgemäß abnimmt. Je weiter Ereignisse zurückliegen, umso mehr hilft es manchmal, um die Ecke zu denken. So verraten Spuren ehemaliger Gletscheraktivität etwas über die Verschiebung von Kontinenten.

Gletscher sind gefrorene Seen und Flüsse aus Eis. Sie fließen und schleppen dabei eingefrorene Felsen und Steine mit sich, sogenannte „Geschiebe". An der Gletscherfront bilden sich Endmoränen, Steine und Geröll, die das Eis vor sich her geschoben hat und beim Schmelzen freigibt. Sogar riesige Findlinge sind von Gletschern transportiert worden. In den Meeren findet man „Dropstones", im Eis hierher transportierte Fremdgesteine, die beim Schmelzen des Eises freigegeben wurden.

Beim Fließen über steinigen Untergrund hinterließen die Gletscher der Gondwana-Vereisung (vor ca. 300 Millionen Jahren) charakteristische Spuren, die man auch heute noch entdecken kann. Verfolgt man die Richtung der Spuren, stellt man fest, dass sie heute oft nicht zum Meer, sondern landeinwärts weisen. Wenn man die Kontinente aber wie Puzzlestücke so anordnet, dass die Spuren zum Meer zeigen, erhält man den Superkontinent Pangäa – ein weiterer Beweis für das veränderliche Bild der Kontinente.

Gletscherspuren aus der letzten Eiszeit (2,5 Millionen bis 11.500 Jahre vor uns) wie hier in Algerien ermöglichen es Wissenschaftlern nicht nur, Aussagen über die Lage und Größe längst geschmolzener Gletscher zu machen, sondern auch Indizien für die Kontinentalverschiebung zu sammeln.

Die Erde ist jetzt 422 Millionen Jahre alt.

Eine Vielzahl sehr spezialisierter Forschungsrichtungen befasst sich mit der Welt vor uns. Geologen erforschen, wie sich die Gesteins- und Sedimentschichten der Lithosphäre in den verschiedenen Teilen der Welt gebildet haben. Paläontologen untersuchen ausgestorbene Tiere und Pflanzen. Mithilfe der Stratigraphie lässt sich die zeitliche Entwicklung der Erde relativ genau bestimmen.

Schichtungen wie hier im 47 Millionen Jahre alten Messeler Ölschiefer erlauben die relative Datierung von darin gefundenen Fossilien.

Fossilien wie diese Baumwanze aus der Grube Messel (ebenfalls um 47 Millionen Jahre alt) sind für Wissenschaftler wichtige Zeugen des Lebens aus der Vergangenheit. In diesem Fall ist sogar die Färbung des Tieres als Strukturfarbe erhalten.

Die Erde brodelt immer noch. Noch gibt es keinen festen Boden unter den Füßen. Es gibt aber auch noch keine Füße.

Vor 4,14 Milliarden Jahren.

Tiefer liegende Schichten sind meist älter als die darauf abgelagerten, es sei denn, sich auffaltende Gebirge oder große Störungen haben die relative Lage nach der Ablagerung verändert. Bestimmt man nur, was älter und was jünger ist, ohne Angaben darüber machen zu können, wie alt die Zeitzeugen sind, spricht man von relativer Datierung. Zu diesen relativen Datierungsmethoden gehört die Biostratigraphie, bei der Fossilien in eine Zeitskala einsortiert werden. Aber auch aus den verschiedenen Meeresspiegelhöhen in der Erdgeschichte oder aus den Umpolungen des magnetischen Nord- und Südpols lassen sich Rückschlüsse ziehen, wie alt bestimmte Sedimente relativ zu anderen sind.

Die Elemente der Erde kommen in verschiedenen Formen vor. Neben den häufigen, nicht radioaktiven Formen existieren von jedem Element Isotope („am gleichen Ort" des Periodensystems), die eine vom normalen Isotop verschiedene Anzahl Neutronen im Atomkern tragen. Diese Isotope sind oft instabil und zerfallen mit regelmäßigen Raten zu einem stabilen Endprodukt (Halbwertszeit: der Zeitraum, in dem die Hälfte einer gegebenen Menge eines Isotops zerfällt). Die instabile Form nennt man radioaktiv, da beim Zerfall Energie in Form von Strahlung frei wird. Manche Elemente kommen nur in der instabilen Form vor. Kennt man die Halbwertszeit der Isotope und ihr natürliches Verhältnis zueinander, kann man aus Abweichungen Rückschlüsse auf das Alter einer Probe ziehen. Für jüngere Fossilienfunde wird z.B. der Anteil des Kohlenstoffisotops ^{14}C bestimmt (es trägt zwei Neutronen mehr im Kern als das häufige ^{12}C). Diese als C-14- oder Radiokarbon-Methode bekannte Datierung macht sich den Umstand zu Nutze, dass Lebewesen während ihrer Lebenszeit ^{14}C in den Organismus einbauen. Sterben sie, zerfällt das ^{14}C (Halbwertszeit: 5.730 Jahre) weiter. Dadurch ändert sich das Verhältnis $^{12}C/^{14}C$ im Fossil. Aus der Abweichung vom natürlichen Verhältnis lässt sich das Alter bestimmen – je weniger ^{14}C die Probe enthält, desto älter ist sie.

Bändereisenerze sind Zeugen archaischen Lebens im Meer vor 3,2 bis 1,9 Milliarden Jahren. Der erste Sauerstoff, der beim Stoffwechsel früher Organismen freigesetzt wurde, oxydierte das im Urozean gelöste Eisen zu unlöslichen Eisenverbindungen, die sich auf dem Meeresboden absetzten und zu Bändereisenerz verfestigten.

Bis hierher, die ersten 500 Millionen Jahre, gab es keine Atmosphäre. Jetzt bildet sich langsam eine Hülle aus vulkanischen Gasen und Wasserdampf. Leben war hier noch nicht möglich.

Baumscheiben- und Atomuhren

Neben diesen relativen Datierungsmethoden gibt es Techniken, die es erlauben, das Alter vergangener Zeitzeugen absolut anzugeben. Die einfachste absolute Datierungsmethode ist die Dendrochronologie, bei der Muster von Jahresringen im Holz miteinander verglichen werden.

Als Henri Becquerel 1896 die radioaktiven Zerfallsprozesse entdeckte, standen bald Methoden zur absoluten Altersbestimmung von Gesteinen und Fossilien zur Verfügung, die auf diesen radioaktiven Prozessen beruhen. Je nach Methode reichen diese absoluten Datierungen unterschiedlich weit zurück.

Methoden der absoluten Altersbestimmung (HWZ = Halbwertszeit)

Methode	Technik	Datierungszeitraum
Dendrochronologie	Vergleich des Musters von Jahresringen ausgewählter Baum- und Holzarten	Maximal 10.000 Jahre bis heute
Uran-Blei-Datierung	Radiometrische Datierung, basierend auf der Zerfallsreihe von Uran (HWZ 4,5 Milliarden Jahre)	Bis 4,57 Milliarden Jahre (Alter einzelner Meteorite)
Kalium-Argon-Datierung	Radiometrische Datierung, basierend auf der Zerfallsreihe von Kalium (HWZ 1,3 Milliarden Jahre)	Mehrere Milliarden bis etwa 100.000 Jahre vor heute
Radiokohlenstoff-datierung C-14-Methode	Radiometrische Datierung, basierend auf der Zerfallsreihe von Kohlenstoff (HWZ 5.730 Jahre)	Maximal 57.000 Jahre bis heute

Jahresringe wie in dieser Baumscheibe entstehen, wenn Bäume jahreszeitenbedingt eine Wachstumspause einlegen (in der sich das Kambium nicht teilt). In Abhängigkeit von den Bedingungen in den Vegetationsperioden entwickelt sich so über mehrere Jahre ein typisches Muster von Jahresringen, das zur absoluten Datierung von Holzproben genutzt werden kann.

Am Ende dieser Seite ist die Erde 548 Millionen Jahre alt ...

Zirkone: Zeitzeugen vom Entstehen der Welt

Der Mond entstand vor etwa 4,5 Milliarden Jahren, als ein sehr großer Himmelskörper – Theia – mit der noch jungen Erde kollidierte. Dabei wurden Teile der Erdmasse herausgerissen, vereinten sich mit Teilen des einschlagenden Körpers und kreisen seitdem um den Mutterplaneten.

Eine Gruppe sehr alter Zeitzeugen sind die Zirkone. Zirkon ($ZrSiO_4$) ist das Silikat des Elements Zirkonium (Zr). Zirkon kristallisiert im Tetraedergitter und ist wie Diamant extrem hart und beständig. Die Kristalle sind vor bis zu 4,4 Milliarden Jahren in auskühlendem Magma entstanden und damit die ältesten Minerale der Erde und des Mondes.

Durch ihre Eigenschaften überdauern sie geologische Umwälzungen und Veränderungen quasi unbeschadet und können als Marker erdgeschichtlichen Wandels genutzt werden.

Jeder Zirkon besitzt aufgrund seiner Herkunft und Geschichte einen spezifischen mineralischen Fingerabdruck. Diesen kann man mit einem chemischen Verfahren der Geochronologie sichtbar machen. Mit einem Laser wird ein winziges Stückchen des Zirkonkristalls verdampft und die enthaltenen Blei- und Uranisotope massenspektrometrisch analysiert.

Zirkon, eingebettet in Basaltschlacke. Zirkone können bis zu 4,4 Milliarden Jahre alt sein.

Hier etwa beginnt das Eoarchaikum. Vor vier Milliarden Jahren. Es wird 400 Millionen Jahre dauern. Das sind knapp 10 Buchseiten.

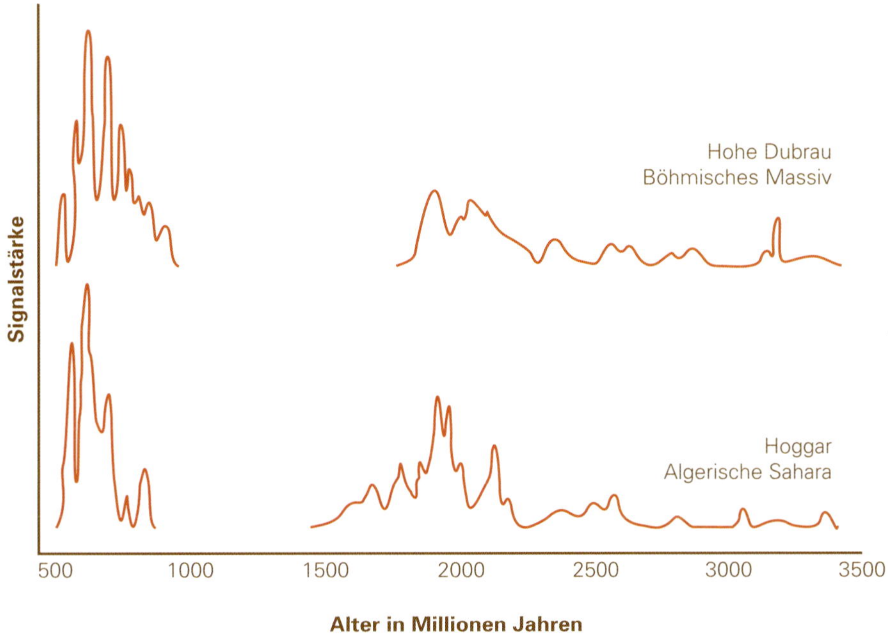

Typische „Fingerabdrücke" von Zirkonen aus Fundstellen in der Hohen Dubrau und der Algerischen Sahara. Die massenspektrometrische Analyse zeigt, dass die Zirkone ein ähnliches Altersprofil haben.

In der Massenspektrometrie wird die Probe durch Energiezufuhr verdampft, in ihre chemischen Bestandteile zerlegt (ionisiert) und durch ein Magnetfeld beschleunigt. Die Elemente werden nach ihrem Masse/Ladungsverhältnis aufgetrennt und durch verschiedene Detektoren aufgefangen. Zur Altersbestimmung der Zirkone wird die Uran-Blei-Datierung verwendet. Im Kristall enthaltenes Uran (U) zerfällt über die Jahrmillionen über Zwischenstufen zu Blei (Pb). Dabei ist das Verhältnis der Zerfallspaare der Isotope $^{235}U/^{207}Pb$ und $^{238}U/^{206}Pb$ entscheidend.

Die Erde besitzt erstmals eine feste Kruste, immer noch mit Rissen und von Lavaströmen durchzogen.

Wir schauen 3,97 Milliarden Jahre in die Vergangenheit.

Vermutlich entsteht mit den Prokaryonten (Einzeller ohne Zellkern) Leben auf der Erde. Ganz sicher ist das aber noch nicht.

Wenn in Gesteinsproben unterschiedlicher Fundorte ähnliche Zirkonarten aus gleichartigen Schichten dieselben Fingerabdrücke haben, stammen sie höchstwahrscheinlich aus demselben Urgestein. Man kann auf diese Weise zum Beispiel zeigen, dass die Lausitz einst in Algerien lag – beziehungsweise, dass beide geologischen Gebiete, die Hohe Dubrau aus der Böhmischen Masse und das Hoggar-Gebiet der Algerischen Sahara, denselben Ursprung haben.

Und im Rückschluss heißt das, dass sich die Kontinente in eindeutiger Weise verschoben haben müssen, um die heutige Konstellation einzunehmen.

Die Böhmische Masse ist nicht etwa ein Knödelteig, sondern das weitgehend erodierte Gebirgsmassiv im Grenzgebiet zwischen Deutschland, Tschechien und Österreich. Es gehört zu den Variszíden, einem alten Gebirge, das vor ca. 440 Millionen Jahren im Paläozoikum durch die Kollision der Kontinente Gondwana und Laurussia entstanden ist.

Böhmische Knödelmasse

- 200 g Hartweizengrieß
- 200 g Mehl
- 2 Eier
- 1 Würfel frische Hefe
- 1 TL Zucker
- 1 TL Salz
- 200 ml lauwarme Milch
- 2 altbackene Brötchen

Grieß, Mehl, Milch, Eier, Salz, Zucker und Hefe mischen, die Brötchen in Würfel schneiden und untermischen. Eine Stunde gehen lassen, nochmals durchkneten. In eine große Serviette wickeln, die Enden verschnüren und etwa 25 Minuten in Salzwasser köcheln.

Rundschwanzseekühe (*Trichechidae*) gab es bereits vor mindestens 150 Millionen Jahren, als Pangäa auseinanderbrach. Denn die Tiere sind heute sowohl an der Westküste Afrikas als auch an der Ostküste Südamerikas heimisch. Sie hätten es aber nie geschafft, über den Atlantik zu schwimmen.

Vor 3,92 Milliarden Jahren ...

Der Superkontinent Gondwana vor ca. 570 Millionen Jahren mit einigen Bruchstücken zukünftiger Gebirgsketten, so auch der Varisziden in der Böhmischen Masse. Zirkonanalysen belegen, dass die Algerische Sahara und die Hohe Dubrau (rote Kreise) zur Zeit Gondwanas benachbarte Gebiete waren. Die Zirkonkristalle überstanden Kontinentalverschiebungen und Gebirgsbildungen, so dass sie heute den gemeinsamen Ursprung bezeugen können.

Es gibt eine Menge weiterer Indizien dafür, dass die Kontinente der Erde früher eine gemeinsame Landmasse bildeten. Schon Alfred Wegener interpretierte paläo- und biogeographische Erkenntnisse, also Spuren vergangenen Lebens an einem bestimmten Ort, in diesem Sinne. Er konnte so erklären, warum an beiden Atlantikküsten der südlichen Kontinente die Rundschwanzseekühe (*Trichechidae*) heimisch sind, Säugetiere, die keinesfalls den Atlantik überqueren können, da ihr Lebensraum in Flüssen, Flussmündungen und in der Brackwasserzone liegt. Fossilienfunde, u.a. der Reptilien *Mesosaurus* und *Lystrosaurus* in Südamerika und Südafrika, waren weitere Hinweise für die Existenz eines Superkontinents: Pangäa.

Fossilfunde gestatten Paläontologen einen Einblick in vergangene Lebenswelten. Weil Weichteile und Farben in der Regel nicht erhalten bleiben und Verhaltensweisen oder Geräusche nie, bleibt vieles über das Leben ausgestorbener Tiere (und Pflanzen) spekulativ. Fossilfunde liefern immer nur eine Idee, aber nie ein komplettes Bild vergangener Biodiversität. Lebensgemeinschaften und Ökosysteme werden nur in winzigen Ausschnitten sichtbar, weil das Versteinern eines Organismus generell ein sehr seltenes Ereignis ist. Die meisten Lebewesen, die es auf unserer Erde gab, werden wir also nie kennenlernen – nicht einmal als Versteinerung.

717 Millionen Jahre sind seit dem Anfang vergangen.

Klimawandel, aber richtig

Das Erdklima ist seit Entstehung des Lebens höchst dynamisch. Nicht nur während der letzten Eiszeit, natürlich auch in den 3,6 Milliarden, seit es Leben gibt.

Anfang der 1990er Jahre bohrten Forscherteams das ewige Eis in Grönland an. In zwei Projekten, dem Greenland Ice Core Project (GRIP) und dem Greenland Ice Sheet Project 2 (GISP2), wurden über drei Kilometer lange Eisbohrkerne nie gekannter Detailgenauigkeit geborgen und analysiert. Der Schneefall jedes Jahres ließ sich in Schichten wiedererkennen. Wie in einem Buch konnten die Wissenschaftler Jahr um Jahr ablesen, wie sich das Klima in den letzten 100.000 Jahren geändert hat. Ihre Überraschung war groß, als sie feststellten, dass das Erdklima keineswegs in so ruhigen, stabilen Bahnen verlief wie in den letzten ca. 10.000 Jahren. Vielmehr entdecken sie regelmäßige starke Schwankungen, die fast immer alle 1.470 Jahre auftraten. Diese nach ihren Entdeckern Willi Dansgaard und Hans Oeschger „Dansgaard-Oeschger-Ereignisse" (oder DO-Events) genannten Klimaveränderungen hatten jeweils einen drastischen Verlauf: Innerhalb von nur wenigen Dekaden erwärmte sich die nördliche Hemisphäre um 8 bis 10°C, um danach in Hunderten von Jahren wieder abzukühlen. Diese Daten konnten Wissenschaftler später durch Tiefseebohrungen im Atlantik, in denen Sedimentbohrkerne gewonnen werden, bestätigen. Auf der südlichen Erdhalbkugel waren die DO-Events nicht so ausgeprägt, aber auch nachweisbar.

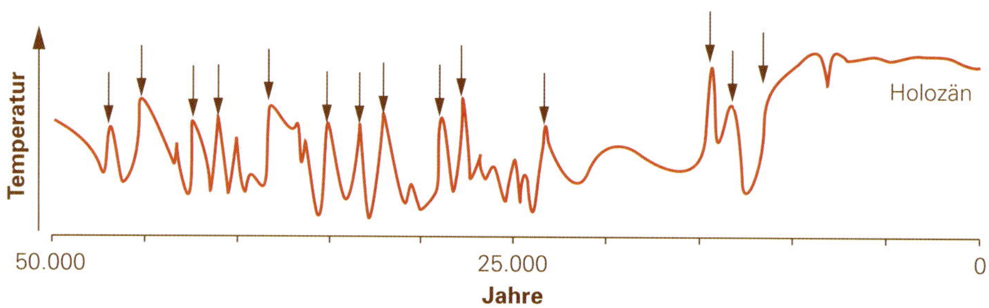

Temperaturverlauf in den letzten 50.000 Jahren. Die stabile Warmphase der letzten 10.000 Jahre ist das Holozän, die instabile Kaltphase davor ist die zweite Hälfte der letzten großen Eiszeit. DO-Events sind mit Pfeilen markiert.

Ausschnitt des GRIP-Eisbohrkerns mit den charakteristischen Schichten. Jede Schicht entspricht dem Schneefall eines Jahres.

Die Zeit vergeht schnell. 759 Millionen Jahre ist die Erde nun alt.

Was löste diese periodischen Klimaschwankungen aus? Wahrscheinlich eine Verkettung von Umständen, die eng mit dem Verlauf von Meeresströmungen zusammenhängt. Wie der Golfstrom, der unsere Breiten mit warmem Klima versorgt, gibt es auf den Weltmeeren mehrere kalte und warme Strömungen, die große Mengen Energie transportieren. Dieser Prozess, die Thermohaline Zirkulation, wird hauptsächlich durch das abkühlende Oberflächenwasser im Nordmeer getrieben. Dort fließen auch große Mengen Frischwasser ins Meer und bremsen die warme atlantische Strömung. In der letzten Eiszeit war dieses System so labil, dass bereits eine kleine Minderung im Zufluss von Frischwasser ausreichte, um die atlantische Meeresströmung weiter nach Norden vordringen zu lassen. Dadurch wurde es schnell wärmer – in nur einem Jahrzehnt stiegen die Temperaturen um 4 bis 5°C – die Eisschilde Nordeuropas schwanden zusehends. Immer weniger weißes Eis bedeckte weite Areale. Anders als die Eisflächen, die Sonnenlicht reflektieren, speicherte der dunklere Erdboden die Sonnenwärme, wodurch sich der Aufwärmprozess verstärkte.

Die Erde dreht sich um sich selbst und um die Sonne. Sie tut das seit Milliarden von Jahren sehr zuverlässig, und doch: In langen Zyklen schwankt und taumelt sie um ihre Achse. Diese wiederkehrenden Erdschwankungen und die Abweichungen von der Umlaufbahn um die Sonne (Exzentrizität) werden Milankovic-Zyklen genannt. Der Effekt ist eine Änderung der Sonnenstrahlungsenergie, die auf die Erde trifft. Milankovic-Zyklen eignen sich zum Teil als Erklärung der Eiszeiten in den letzten 450.000 Jahren.

Hauptströme der globalen Thermohalinen Zirkulation. Helle Strömungen fließen an der Oberfläche und führen warmes Wasser, kalte (dunkle) Strömungen fließen in tieferen Meeresschichten.

Sedimentbohrkerne aus dem Meer. Mithilfe solcher Bohrungen kann man im „erdgeschichtlichen Tagebuch" der Sedimente das Klima früherer Zeiten nachlesen.

Neben den DO-Events gab es noch weitere plötzlich auftretende Klimaschwankungen während der letzten Kaltzeit in den letzten 50.000 Jahren. Sie sind als Heinrich-Ereignisse nach Hartmut Heinrich bekannt, der sie 1988 erstmals dokumentierte.

In der Eiszeit waren die nördlichen Kontinente mit einem dicken Eispanzer überzogen, der Jahr um Jahr weiter anwuchs. Wurde die Eisschicht instabil, brachen riesige Eismassen vom nordamerikanischen Kontinent ab und rutschten ins Meer. Dadurch veränderten sich der Salzgehalt und die Temperatur des Wassers signifikant. Der Nordantlantische Strom kam völlig zum Erliegen, und es wurde besonders im subtropischen Atlantik kälter.

Mindestens sechs dieser Ereignisse sind nachgewiesen: Heinrich fand bei Bohrungen des Meeresbodens sechs periodische Einschlüsse im Sediment, kleine Steine, die zu groß waren, um vom Meer hierher transportiert worden zu sein. Sie mussten von Gletschern stammen, die über den Atlantik getrieben waren.

Die riesigen Süßwassermengen wirkten sich deutlich auf das Klima aus. Eichen wurden von kälteliebenden Kiefern verdrängt, die Meerwassertemperatur und der Salzgehalt fielen, was die Vielfalt der Foraminiferen, kleiner, Gehäuse bildender Meeresbewohner, verminderte.

Heinrich-Ereignisse spielten sich für paläoklimatische Verhältnisse sehr schnell ab. Innerhalb weniger Jahre konnten die Klimaveränderungen auftreten; sie dauerten dann ca. 750 Jahre. Wenn auch in unserem Zeitalter, dem Holozän, solche drastischen Veränderungen unwahrscheinlich sind, zeigen sie doch wieder einmal die Labilität des Klimasystems.

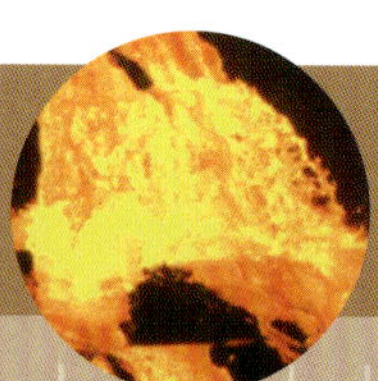

Gerölle aus der Nordsee: Klimadaten von der Doggerbank

Steine sind die Lieblinge der Geologen. Vor der Deutschen Bucht in der Nordsee liegt eine langgestreckte Sandbank ca. 15 bis 40 Meter unter der Wasseroberfläche. Steine und Geröll, vom Grund gefischt, bezeugen detailliert die jüngere Klimageschichte.

Man findet stark gerundete Kalksandsteine oder noch kantige Feuersteine und Basalte, denn der Rundungsgrad hängt sowohl vom Transportweg als auch von der Härte des Gesteins ab. Je weicher der Stein, und je länger er geschoben oder gerollt wurde, desto mehr schleifen sich Ecken und Kanten ab. Die Steine der Doggerbank stammen aus Dänemark und Großbritannien. Wie konnten sie über tausend Kilometer weit verschleppt werden? Als Transporteure kommen nur Gletscher in Frage, die das Gestein als Geschiebe oder Einschluss mit sich führten. Und tatsächlich lag die Doggerbank während der letzten Eiszeit vor etwa 12.000 Jahren am Rand des Eisschildes, der sich über große Teile Nordeuropas erstreckte.

60 Millionen Jahre alte Säulenbasalte wie hier in Irland (oben) sind wahrscheinliche Herkunftsgebiete für Basaltgerölle (unten) von der Doggerbank.

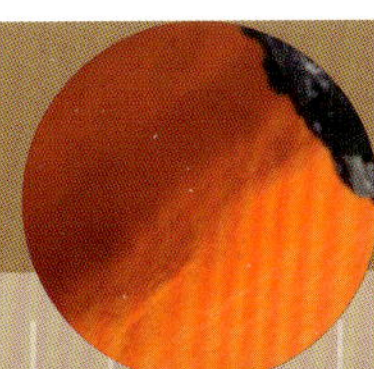

886 Millionen Jahre sind vergangen ...

Neben den runden Steinen findet man auf der Doggerbank auch Gerölle, die nicht von Eis und Wasser und dem Kilometer langen Transport abgeschliffen sind – sondern vom Wind. Solche „Windkanter" haben typischerweise einen scharfen Grat an den Schnittflächen von zwei bis drei glatten polierten Oberflächen. Sie sind wie von einem Sandstrahl geformt – und das Bild passt: Starke Winde haben Sand aufgewirbelt und die Steine glatt geschliffen, ein Beweis, dass die Doggerbank über Jahrtausende trockengefallen war. Erst vor ca. 8.000 Jahren wurde die jetzige Sandbank wieder vom Meer überflutet. Vom Bewuchs auf der Doggerbank zeugen auch Torfgerölle, steinartige Zusammenballungen von ca. 11.000 Jahre altem Torf, die man aus dem Wasser bergen kann – Torf aber wächst nicht im Salzwasser!

Die Doggerbank liegt in der zentralen Nordsee und ist mit 30.000 km² etwa ein Drittel größer als Hessen. Sie war nicht immer eine Sandbank. Während der letzten Eiszeit lag der Meeresspiegel deutlich unter dem heutigem Niveau. Davon zeugen Windkanter, Steine, die vom Wind in ihre charakteristische Form geschliffen wurden.

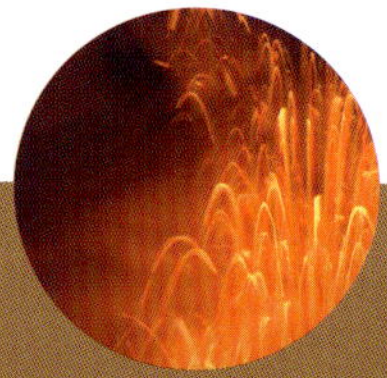

Das Alter der Erde entspricht nun 928 Millionen Jahren.

Klimasysteme, das lernen wir aus diesen Analysen, werden nicht von nur einem Faktor beeinflusst, sondern von vielen, komplex zusammenwirkenden Ursachen und Gegenursachen. Neben der Gaszusammensetzung der Atmosphäre wirken die Reflektion durch Eis und Schnee, die Meeresströmungen, die Sonnenaktivität, langfristig die Entwicklung und Veränderung von Pflanzen- und Tierwelt und auch die leichten Schwankungen der Erde um ihre Achse auf das Gesamtsystem. Und das ist manchmal labil: ist ein bestimmter Punkt überschritten, oder addieren sich verschiedene schwache Einzelfaktoren zufällig, kippt das System.

Paläoklimawandel, Millionen und Milliarden Jahre vor unserer Zeit, waren dramatischer als der 2-Grad-Anstieg, der uns heute gerade noch hinnehmbar erscheint und womöglich schon gar nicht mehr erreichbar ist. Die Veränderungen vollzogen sich entweder in geologischen Zeiträumen – so langsam, dass kein Lebewesen davon direkt betroffen war – oder so gravierend, dass ganze Gattungen ausstarben. Vor hunderten von Millionen Jahren war die Erde mal deutlich wärmer, mal bitter kalt. Auch im Mittelalter war das Klima wärmer als heute, und vom 15. bis Anfang des 19. Jahrhunderts war es so kalt, dass man von der Kleinen Eiszeit spricht. Absolut reden wir hier aber über Abweichungen vom langjährigen Mittelwert um nur wenige Zehntel Grad. Große Klimaveränderungen werden immer wieder die Lebensbedingungen auf dem Planeten verändern – entweder unmerklich für den Einzelnen oder rasant und mit Folgen für das Leben. Für uns relevant ist heute nur der schnelle und menschengemachte Klimawandel.

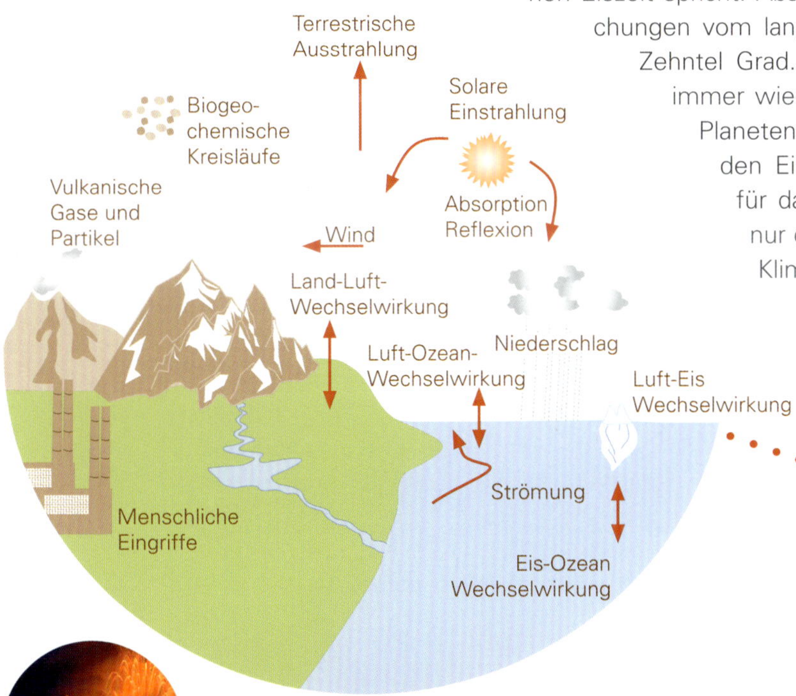

Das Klimasystem mit den Wechselwirkungen zwischen den Sphären der Erde und den Haupteinflussgrößen:

- Sonneneinstrahlung und Rückstrahlung
- Atmosphärische Kreisläufe
- Wolken, Wind und Niederschläge
- Vulkanische Gase und Partikel
- Eis, Ozeane, Strömungen
- Albedo (Maß für Reflexion der Oberfläche)
- Menschliche Eingriffe und Wirkungen
- Vegetation

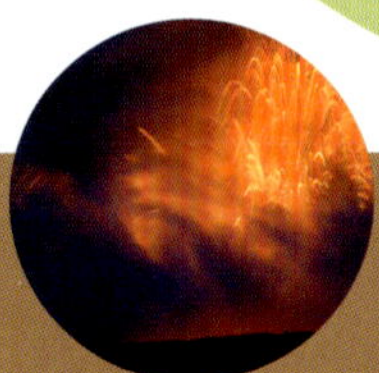

Wir befinden uns hier.

Die Zeit vor 3,63 Milliarden Jahren.

Das Paläoarchaikum beginnt. Es wird 400 Millionen Jahre oder weitere 10 Buchseiten in Anspruch nehmen.

Und sie bewegt sich doch

Unsere Erde ruht nie. Kontinente verschieben sich, das Klima schwankt, Arten entstehen, verändern sich oder sterben aus. Die Veränderungen sind gigantisch und für uns dennoch selten direkt zu beobachten, weil sie so langsam vonstatten gehen. Wer Langsamkeit aber mit Stillstand verwechselt, dem sei gesagt: „...und sie bewegt sich doch!"

Schneeball Erde – der Blaue Planet erstarrt

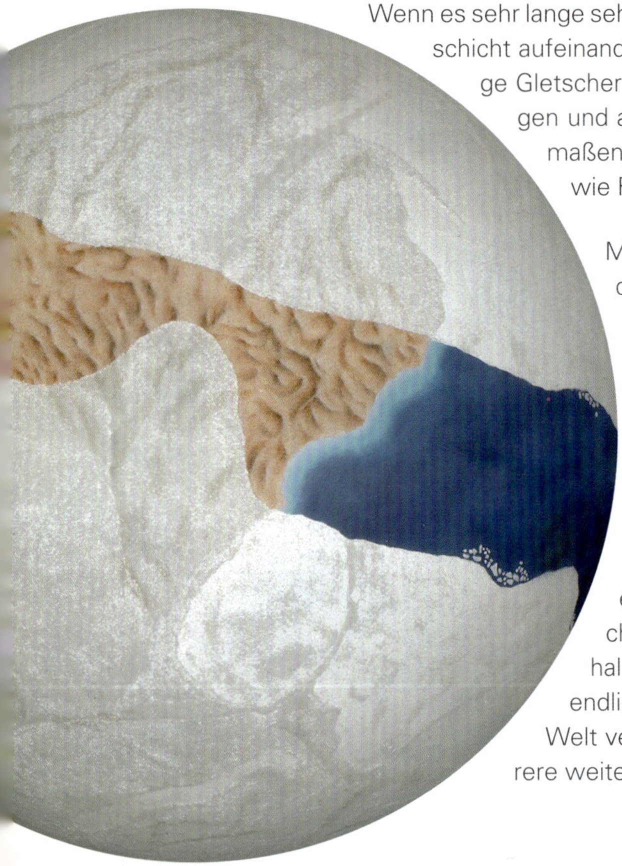

Wenn es sehr lange sehr viel schneit und sich Schneeschicht um Schneeschicht aufeinandertürmt, bildet sich durch Kompression Eis; riesige Gletscher entstehen, wie wir sie heute noch in Hochgebirgen und an den Polen vorfinden. Gletscher sind gewissermaßen erstarrte Flüsse, die sich sehr langsam bewegen; wie Flüsse streben sie dem Meer zu.

Man vermutet, dass die Erde mindestens einmal in der Geschichte des Planeten fast von Pol zu Pol einfror. Aus dem Weltraum muss sie ausgesehen haben wie ein gigantischer Schneeball. Das geschah vor etwa 635 Millionen Jahren im Neoproterozoikum. Es bleibt nur ein schmaler Gürtel um den Äquator eisfrei. Nur dort und in der Tiefsee ist Leben noch möglich. Der Rest der Welt liegt unter einem Eispanzer, der teilweise mehrere Kilometer dick ist. Die Nordhalbkugel ist ein einziges Eismeer, denn die gesamte Landfläche, der Superkontinent Pannotia, liegt auf der Südhalbkugel unter Gletschern, Schnee und Eis. Für unendlich erscheinende 15 Millionen Jahre ist es auf der Welt vermutlich bis zu -50°C kalt. Ob es eine oder mehrere weitere Schneeball-Erden gab, ist umstritten.

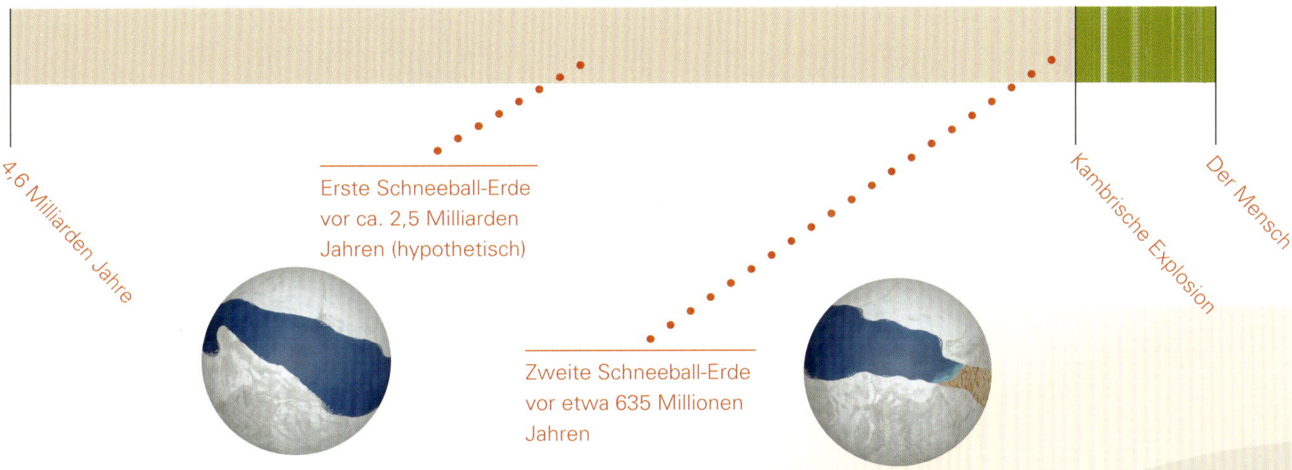

In der Stratosphäre, in 8 bis 50 km Höhe, wird Sauerstoff durch die UV-C Strahlung gespalten, und die lebenserhaltende Ozonschicht entsteht. Ozon (O_3) ist polar und hochreaktiv: Die freien Elektronenpaare vermögen Wasser in Hydroxylradikale (OH•, der Punkt bezeichnet das Radikal) zu spalten. Und Hydroxylradikale knacken sogar das stabile Methanmolekül: CH_4 + OH• = CH_3• + H_2O. Neben Methan bauen die Hydroxylradikale auch andere Schadstoffe in der Luft ab. Man bezeichnet sie deshalb auch als „Waschmittel" der Atmosphäre.

Aber wie konnte es so kalt werden? Eine Hypothese geht davon aus, dass der CO_2- und der Methangehalt in der Atmosphäre drastisch zurückgingen. Cyanobakterien verbrauchten große Mengen atmosphärisches CO_2 und produzierten Sauerstoff, der sich erst im Wasser und dann in der Atmosphäre anreicherte. Dadurch verringerte sich dort auch der Methangehalt, da Methan oxydiert wird.

Ohne diese Treibhausgase strahlt Wärme ungehindert ins Weltall ab, und es wird kälter. Schnee- und Eisflächen entstehen und breiten sich aus. Durch die Reflexion der Sonnenstrahlen an den weißen Flächen kühlt sich der Planet weiter ab. Die atlantischen Meeresströmungen, die normalerweise große Mengen Wärme über den Planeten transportieren, verändern ihre Bahn oder kommen zum Stillstand. Nach wenigen tausend Jahren überdecken Eis und Schnee fast den ganzen Planeten.

Weiße Schnee- und Eisflächen reflektieren einfallende Strahlung, und es wird kälter. Der Effekt ist selbstverstärkend: Mehr Schnee fällt, und die weißen Flächen wachsen; dadurch wird noch mehr Strahlung reflektiert. Wenn wie heute immer mehr Eis und Schnee abschmelzen, wird durch den darunterliegenden dunklen Boden mehr Wärme absorbiert. Das beschleunigt dann auch die globale Erwärmung.

Vielleicht entsteht Leben auch erst jetzt.

Wir schauen in die Vergangenheit, in die Zeit vor 3,5 Milliarden Jahren.

Das Ende der Schneeball-Eiszeit wurde wiederum durch Treibhausgase in der Atmosphäre ausgelöst. Unter dem massiven Eispanzer bleiben die Kontinente in Bewegung. Lithosphärenplatten tauchen ab, die Erdkruste dehnt sich und bricht stellenweise auf. An diesen Brüchen stoßen Vulkane vor allem am Meeresgrund gewaltige Mengen heißer Lava und damit auch Methan und CO_2 aus. Der Treibhauseffekt kommt wieder in Gang und führt zum Schmelzen des Eises. Innerhalb von wenigen hundert Jahren wird es sogar so warm, dass in vielen Bereichen der Erde ein tropisches Klima herrscht.

Beide Schneeball-Ereignisse passen in der Größenordnung zu epochalen erdgeschichtlichen Entwicklungsschritten. Der ersten globalen Eiszeit folgte die erste globale Umweltverschmutzung, ein Todesurteil für alle anaeroben Organismen: Durch die Photosynthese unzähliger Cyanobakterien in den Ozeanen enthielt die Atmosphäre erstmals größere Mengen Sauerstoff, der ein starkes Zellgift ist. Und nach der zweiten Eiszeit zu Beginn des Kambriums – vor 541 Millionen Jahren – entwickelte sich das Leben so rasant und vielfältig, dass man von der „Kambrischen Explosion" spricht. Alle uns bekannten Baupläne der Pflanzen und Tiere haben sich im Kambrium entwickelt. Das jedenfalls legen große Mengen von Fossilfunden seit dieser erdgeschichtlichen Epoche nahe.

Anaerobier (aus dem Altgriechischen: „ohne Luft") verwenden in ihrem Energiestoffwechsel keinen Sauerstoff, sondern andere Elektronenrezeptoren (z.B. Nitrat, Mangan, Eisen oder Schwefel). Andere Organismen verzichten auf diese Elektronenrezeptoren ganz. Sie atmen dann nicht, sondern gären. Alle diese Organismen werden durch Sauerstoff gehemmt oder gar abgetötet. Auf der Erde gibt es dennoch Lebensraum für solche anaeroben Wesen, z.B. in Sauerteig, Joghurt (Milchsäuregärung) oder in den Vorformen von Bier und Wein.

1,14 Milliarden Jahre alt ist unserer Planet.

Wie wird man zum Fossil? Nur wer nach seinem Tod im Schlamm eingebettet wird und damit Aasfressern bis hin zu Bakterien entgeht, kann überhaupt fossilisieren. Ist das Skelett oder ein Pflanzenrest fest eingeschlossen, darf die Gegend in den nächsten Millionen Jahren nicht von Erdbeben oder Vulkanausbruch heimgesucht werden, noch darf ein anderes geologisches Ereignis die Konservierung stören. Jetzt muss das gut eingebettete Stück lange liegen und dabei von immer neuen Schichten Sand, Gestein oder Erde bedeckt werden, so dass sich durch Druck die Poren mit Silikaten (Mineralisation) oder Kieselsäure füllen und das zukünftige Fossil versteinert. Wenn dann die Schicht, in der das ehemalige Lebewesen eingebettet ist, durch geologische Umwälzungen, Bergbau oder Ausgrabungen wieder zugänglich wird, kann das Fossil (lat. fossilis = (aus)gegraben) mit noch mehr Glück von Menschen entdeckt werden.

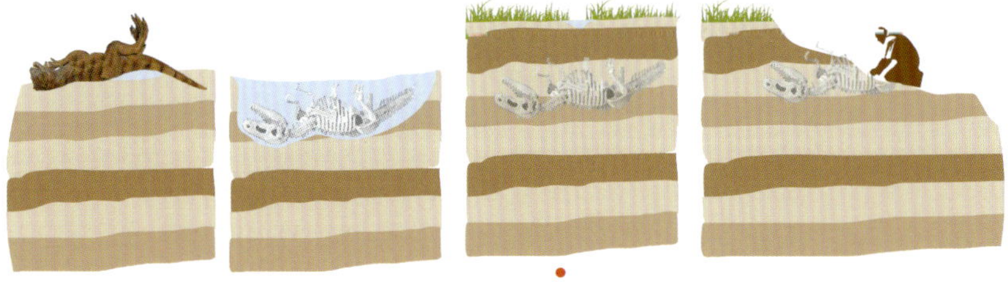

Wenn gestorbene Lebewesen über Millionen Jahre fest im Erdreich eingeschlossen sind, können Silikate oder Kieselsäure in die Poren dringen und das ehemalige Lebewesen versteinern.

Aus den Fossilfunden die Geschichte des Lebens oder sogar des Menschen zu rekonstruieren, ist etwa so, als wolle man aus den hier rot gedruckten Buchstaben den Text dieser Seite erschließen – und das, ohne die Reihenfolge zu kennen!

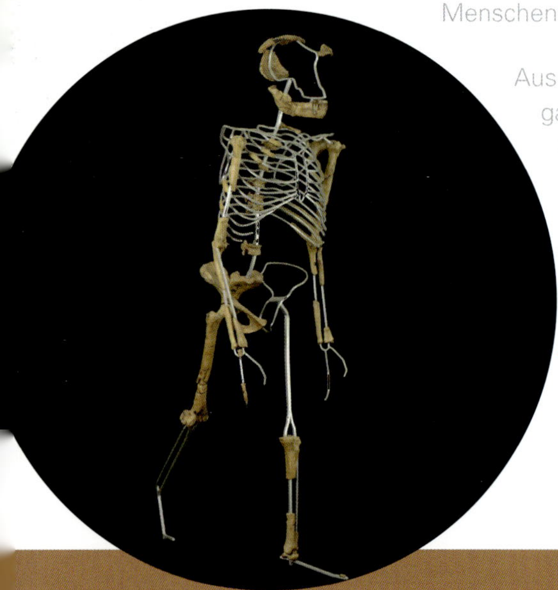

Lucy wurde 1974 im Afar-Dreieck in Äthiopien entdeckt. Das weibliche Teilskelett gehört zur Art *Australopithecus afarensis* und ist 3,2 Millionen Jahren alt. Lucys Name geht zurück auf „Lucy in the Sky with Diamonds“ von den Beatles.

... vor 3,42 Milliarden Jahren.

„Unser Organismus ist ein Meerwasser-Aquarium, in dem einige Milliarden Zellen baden", so formulierte es im Jahr 1897 René Quinton, der als erster diese physiologische Ähnlichkeit systematisch erforschte.

Alles Leben kommt aus dem Meer. Die Meere sind Anfang und Rückzugsort des Lebens. Unser Blutplasma ist mit dem Meerwasser physiologisch, in der Zusammensetzung der mineralischen Salze, fast gleich.

Immer wenn es unwirtlich ist in der Erdgeschichte – zu warm, zu kalt, zu viel oder zu wenig Sauerstoff in der Atmosphäre – bewahrt das Meer das Leben vor dem vollständigen Scheitern. Unterseeische Vulkane speien pausenlos Lava und Gase aus. An diesen „Schwarzen Rauchern" entwickelten sich erste Lebensformen, und auch zu Zeiten der ersten Schneeball-Erde konservierten diese warmen Schlote das Leben um sie herum. Manche Wissenschaftler gehen davon aus, dass die größte biologische Vielfalt auch heute noch im Meer zu finden ist – Millionen neue Arten, von uns bisher unentdeckt.

Schwarze Raucher sind hydrothermale Quellen der Tiefsee. Bis zu 400°C heißes Wasser, angereichert mit verschiedenen Elementen, tritt an ihnen aus dem Erdinneren aus. Beim Kontakt mit dem nur etwa 2°C kalten Meerwasser fallen die Salze aus und bilden eine schwarze „Rauchwolke". Um solche schwarzen Raucher findet man charakteristische Lebensgemeinschaften von Würmern, Krabben und Muscheln, die nur hier vorkommen. In der Nähe der schwarzen Raucher herrschen Bedingungen, die denen zu Beginn des Lebens auf der Erde sehr ähnlich sein dürften.

Und immer älter wird unsere Erde,
jetzt schon 1,22 Milliarden Jahre.

Leben aus der Ursuppe

Vor etwa 3,8 Milliarden Jahren, gut 800 Millionen Jahre nach der Entstehung des Planeten Erde, waren die Bausteine des Lebens vorhanden: einfache organische Moleküle, Wasser, Energie. Diesen Schritt ins Leben bezeichnet man als Chemische Evolution: Die Elemente Kohlenstoff, Wasserstoff, Sauerstoff, Stickstoff, Schwefel und Phosphor reagierten zu einfachen organischen Molekülen wie Alkohol, Säuren, einfache Zucker und später Aminosäuren und Nukleotiden. Wie die Moleküle in ein System aus Informationsträgern (RNA-DNA) und funktionalen Einheiten (Enzyme) zusammenfanden, das die Urzelle des Lebens war, ist noch nicht genau geklärt. Es klappte aber. Und von da an startete die Biologische Evolution – zunächst langsam und in ihren Erscheinungsformen wenig vielfältig, aber extrem stabil und „ausgefeilt", was die Grundstruktur des Lebens betrifft.

Die Information des Lebens ist als DNA in Genen verschlüsselt, die sich auf Chromosomen dicht gepackt im Zellkern befindet. Je nach Bedarf werden einzelne Informationsabschnitte von der RNA abgelesen und in Funktionen übersetzt, Enzyme, die Stoffwechsel katalysieren. Dieses System von Funktion-Informaion ist in einer Zelle gegen äußere Einflüsse geschützt.

Der Mensch: chemische Zusammensetzung
Elementverteilung im menschlichen Körper

Element	Prozentualer Anteil am Gewicht	Prozentualer Anteil der Atome
Sauerstoff (O)*	56,10	25,50
Kohlenstoff (C)	28,00	9,50
Wasserstoff (H)*	9,30	63,00
Stickstoff (N)	2,00	1,40
Calcium (Ca)	1,50	0,31
Chlor (Cl)	1,00	0,02
Phosphor (P)	1,00	0,01
Kalium (K)	0,25	0,06
Schwefel (S)	0,20	0,05
Natrium (Na)	0,10	0,03
Magnesium (Mg)	0,04	0,01

***Der Großteil davon als Wasser (H_2O)**

Die Erde ist jetzt
1,27 Milliarden Jahre alt.

Eine Art ist definiert als eine Fortpflanzungsgemeinschaft. Individuen gehören dann zu einer Art, wenn sie sich fortpflanzen können und ihre Nachkommen fruchtbar sind. Weil niemand ausprobiert, ob alle Männchen und Weibchen einer Art wirklich gemeinsamen fruchtbaren Nachwuchs erzeugen können, haben sich Wissenschaftler auf sogenannte Morphospezies geeinigt, also einen Artbegriff, der darauf basiert, dass Individuen, die morphologisch sehr ähnlich sind, zu einer Art gehören. Eine andere Definition wäre für fossile Arten auch gar nicht möglich. Die nächst höhere Ebene ist die Gattung. In ihr sind ähnliche Arten zusammengefasst (z.B. in der Gattung *Panthera* Löwe, Tiger, Leopard, Jaguar und Schneeleopard). Ähnliche Gattungen werden systematisch in eine Familie gestellt. Der moderne Mensch (Gattung *Homo*) gehört mit den Gattungen *Pan* (Schimpanse und Bonobo), *Gorilla* und *Pongo* (Orang-Utan) in die Familie Hominidae.

So gelungen ist das Lebensmodell, dass es bis heute eine ununterbrochene Erfolgsstory schreibt. Sehen wir uns im Spiegel an, erblicken wir das Ergebnis einer mehr als drei Milliarden Jahre währenden, kontinuierlichen Entwicklungsgeschichte. Niemals war unsere „genetische Kette“ unterbrochen. Vom Einzeller in der Ursuppe bis zum heutigen Tage folgte Generation auf Generation. Andere Individuen, aber auch komplette Arten, waren nicht so erfolgreich.

Individuen trifft (Aus-)sterben immer. Arten sterben aus, wenn ihre arttypische genetische Information erlischt, d.h. wenn alle Individuen mit der charakteristischen Artinformation gestorben sind. Man nimmt an, dass 99 % aller jemals vorhandenen Arten heute nicht mehr existieren. Säugetierarten leben ungefähr eine Million Jahre.

Fünfmal gab es in der Geschichte des Lebens auf der Erde sogenannte Massenaussterbeereignisse, bei denen deutlich mehr Arten in kürzerer Zeit ausgestorben sind als im langjährigen Mittel.

Auf Neuseeland gab es bis zum Ende des 13. Jahrhunderts elf Arten von Moas, aber keine Menschen. Die ersten Menschen auf Neuseeland rotteten alle Moaarten durch Bejagung aus. Das ging auch deshalb so leicht, weil die Tiere keine Feinde kannten und sich bei einer Bedrohung vermutlich weder wehrten noch flohen. Außerdem dürften sich diese bis 200 kg schweren und zwei Meter großen Laufvögel nur sehr langsam vermehrt haben.

Die fünf großen Massenaussterbeereignisse der Erde

Name	Millionen Jahre vor heute	Dimension	Beispiele, Alter
Kreide-Tertiär	65	17 % aller Familien 50 % aller Gattungen 75 % aller Arten	Plesiosaurier **(1)**, ca. 165 Millionen Jahre Mosasaurier **(2)**, ca. 80 Millionen Jahre
Trias-Jura	200	23 % aller Familien 48 % aller Gattungen 70 bis 75 % aller Arten	Rhynchosaurier Nothosaurier **(3)**, ca. 240 Millionen Jahre
Perm-Trias	251	57 % aller Familien 83 % aller Gattungen 90 bis 96 % aller Arten	Trilobiten **(4)**, ca. 390 Millionen Jahre Eurypteriden
Devon	360 bis 375	19 % aller Familien 50 % aller Gattungen 70 % aller Arten	Viele Panzerfische **(5)** hier: Dunkleosteus, ca. 380 Millionen Jahre
Ordovizium-Silur	440 bis 450	27 % aller Familien 57 % aller Gattungen 60 bis 70 % aller Arten	Viele Brachiopoden

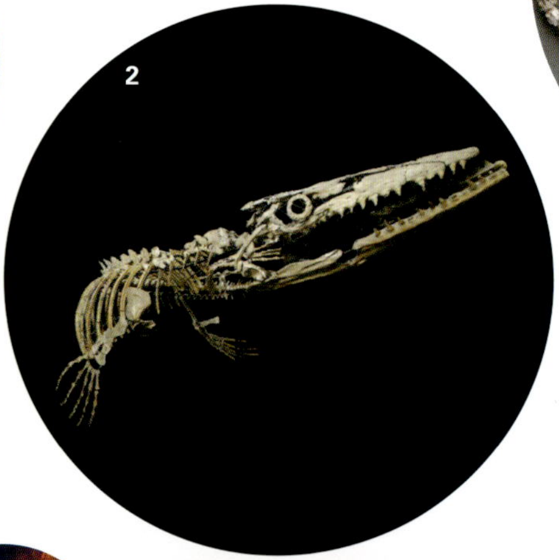

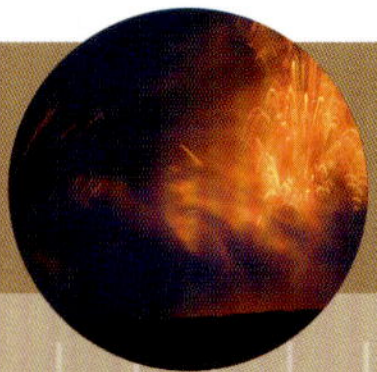

Die Erde ist jetzt 1,35 Milliarden Jahre alt.

Die Sonne liefert mit ihrem Licht und ihrer Wärmestrahlung **exogene Energie**. Sonnenenergie wird bei der Photosynthese von Pflanzen direkt genutzt. Holz, Getreide, Kartoffeln, Zuckerrohr, Sojabohnen, Palmöl und jede Art von Biomasse zählen zu den erneuerbaren, sonnengespeisten Energieträgern. In erdgeschichtlichen Zeiträumen führte die Ablagerung von Biomasse zu nutzbaren Energievorkommen wie Erdöl und Erdgas, Torf und Kohle. Weil diese Ablagerung extrem langsam ist, spricht man von fossilen Energieträgern als nicht erneuerbar. Auch die Wasserkraft ist eine von der Sonne stammende Energieform: Der Wasserkreislauf wird durch Sonnenenergie angetrieben, so dass sich Flüsse und Reservoirs immer wieder durch Niederschläge auffüllen.

Erneuerbare Energiequellen tragen derzeit (Stand 2012) lediglich 13 % zur Deckung des menschlichen Energiebedarfs bei. Der Rest der Nachfrage wird – mit stark steigender Tendenz – durch „Paläo-Biomasse" gedeckt.

Endogene Prozesse liefern seit 4,6 Milliarden Jahren Energie. Wie mächtig diese Kräfte sind, erleben wir immer wieder durch Erdbeben, Vulkanausbrüche und Tsunamis.

Stromatolith aus dem Höhenzug Asse bei Braunschweig.

1,56 Milliarden Jahre alt ist die Welt.

Stromatolithen, in denen Fossilien von Cyanobakterien nachweisbar sind, stammen aus dieser Zeit.

Wie, wo und wann entstanden Kohle, Erdöl und Erdgas?

Kohle bildet sich, wenn durch starkes Pflanzenwachstum viel Biomasse anfällt und diese, zum Beispiel in Mooren, unter sauerstoffarmen oder sauerstofffreien Verhältnissen abgelagert wird. Biochemische Prozesse wandeln hier die Pflanzenreste zu Torf um. Pro Jahr bildet sich etwa 1 mm Torf. Die globalen Torfvorkommen sind geologisch betrachtet jung – nur etwa zwei Millionen Jahre alt. Aus Torf wird Kohle, wenn die Torfschicht durch tektonische Krustenbewegungen oder unterirdische Entwässerung absinkt und von Sedimenten überlagert wird. Die biochemischen Eigenschaften ändern sich, der Druck und die Temperatur steigen. Aus 50 m dicken Torfschichten kann so über Jahrmillionen 10 m Braunkohle oder – nach längerer Reifung – 5 m Steinkohle werden.

Viele Braunkohlevorkommen haben ihren Ursprung meist im Tertiär, während Steinkohle vor allem im späten Karbon und Perm z.B. aus Urfarnen entstand. Ganze Sumpfwälder wurden periodisch zu Torfmooren und durch Sedimentüberlagerungen eingeschlossen. Sinken diese Schichten Kilometer tief ab, bildet sich unter hohem Druck und Temperaturen bis zu 150°C Kohle. Reift die Kohle noch länger und tiefer im Gestein, bildet sich erst Graphit, und dann in Tiefen von über 150 km und bei Temperaturen von 1.200 bis 1.400°C Diamant.

Was ist ein Megajoule? Die offizielle Einheit für Energie ist Joule (J). Ein Joule ist die Energiemenge, die man aufbringen muss, um für eine Sekunde die Leistung von einem Watt zu erbringen. Gebräuchlicher und vertrauter ist uns die Einheit Kilowattstunde (kWh). Eine kWh entspricht 3,6 MJ.

Erdöl entsteht im Meer aus abgestorbenem pflanzlichen und tierischen Plankton. Riesige Mengen sinken über lange Zeiträume hinweg auf den Meeresboden. Durch den Mangel an Sauerstoff bildet sich Faulschlamm, der in dem sich absenkenden

Torf, Braunkohle und Steinkohle unterscheiden sich durch ihr Alter, ihren Wassergehalt und ihren Brennwert

	Dicke (m)	Alter (Millionen Jahre)	Wassergehalt (%)	Brennwert (MJ/kg)
Torf	50	max. 2	58	ca. 8
Braunkohle	10	60 bis 5	55	ca. 9
Steinkohle	5	250 bis 350	1 bis 3	ca. 35

Und jetzt ist die Erde 1,60 Milliarden Jahre alt.

Meeresbecken von Ton- und Sandschichten überlagert wird. Wie bei der Kohle führen hoher Druck (500 bis 1.000 bar) und Temperaturen bis zu 100°C zu biochemischen Veränderungen, Erdöl und Erdgas entstehen. Die Stoffe sind mobil, sie wandern aus der ehemaligen Faulschlammschicht in den Porenraum von Speichergesteinen. Die häufigsten Speichergesteine sind Sandstein, sandige Tonsteine und verschiedene Arten von Kalksteinen. Abdichtende Gesteinsschichten oder undurchdringliche Strukturen im Untergrund, sogenannte „Fallen", verhindern einen weiteren Aufstieg bis zur Erdoberfläche. Aus diesen Strukturen werden Erdöl und Erdgas durch Bohrungen erschlossen und gefördert.

Der Mensch verbrennt Torf, Kohle, Erdgas und Erdöl, um Energie, Strom und Wärme zu gewinnen. So stieg seit Beginn der Industrialisierung von 1800 bis 2011 durch die Verbrennung fossiler Energieträger und durch Landnutzungsänderungen der CO_2-Gehalt in der Atmosphäre um ca. 40 % von 280 ppm auf 390 ppm. CO_2 in der Atmosphäre verstärkt den Treibhauseffekt. Das Resultat ist ein Anstieg der globalen Durchschnittstemperatur.

Das Wasser in tiefen Gesteinsschichten hat einen sehr langen Weg hinter sich. Als Regen sickert es immer tiefer in den Erdboden und durchdringt dabei verschiedene Schichten Gestein. Weil dieser Prozess viele Jahrtausende in Anspruch nehmen kann, wird es auch als fossiles Wasser bezeichnet. Kontakt zur Atmosphäre und darin enthaltenen Schadstoffen hat es nicht. Je nachdem, durch welche Gesteine es seinen Weg nimmt, reichert sich dieses Mineralwasser mal mit Magnesium, mal mit Kalzium an.

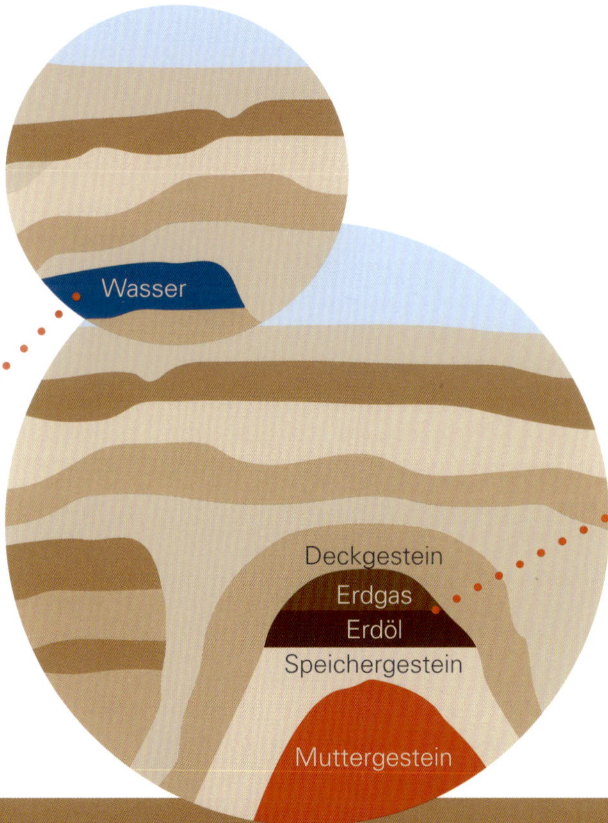

Öl und Erdgas entstehen, wenn Planktonsedimente absinken und durch auflagerndes Gestein zusammengepresst werden. Durch hohen Druck und Temperatur über Millionen Jahre wandelt sich das Sediment in Kohlenwasserstoffe um. Diese wandern aus dem Muttergestein in poröses Speichergestein (Sandstein) und sammeln sich dann in geologischen „Fallen" unter abdichtendem Deckgestein (Schiefer, Ton, Salz).

Am Ende dieser Seite ist die Erde 1,65 Milliarden Jahre alt ...

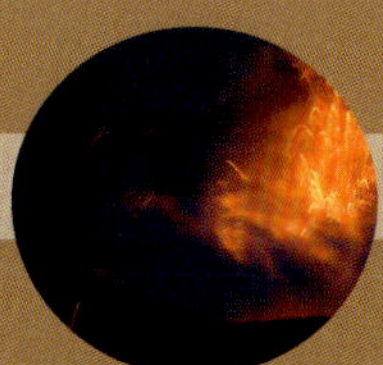

Alles eine Frage der Zeit

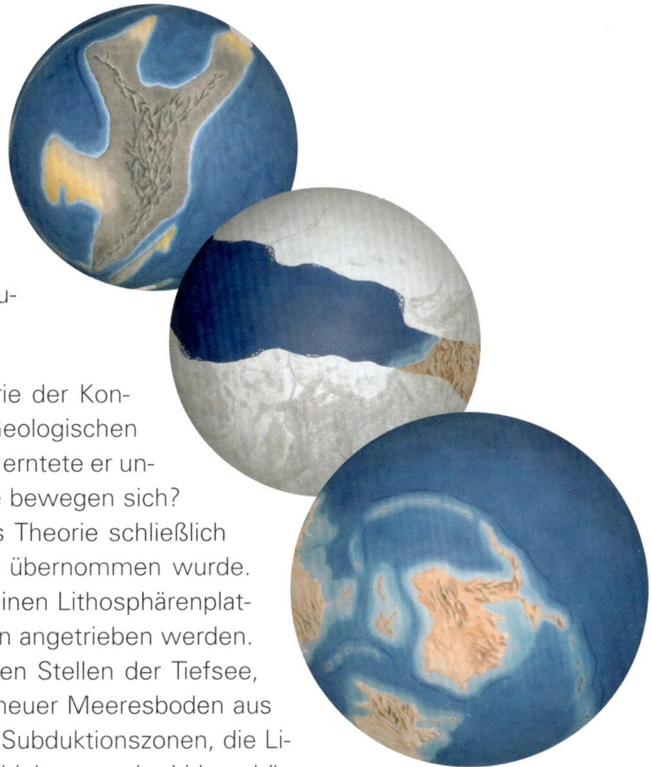

Wer als Kind beim Betrachten der Weltkarte zum ersten Mal erkennt, dass die Ostküste Südamerikas wie ein Puzzlestück an die Westküste Afrikas passt, wiederholt damit eine bahnbrechende Entdeckung des Abenteurers und Wissenschaftlers Alfred Wegener.

Als Wegener im Januar 1912 seine revolutionäre Theorie der Kontinentalverschiebung auf der Hauptversammlung der Geologischen Vereinigung im Senckenberg Naturmuseum präsentierte, erntete er ungläubiges Staunen und breite Ablehnung. Die Kontinente bewegen sich? Unmöglich! Es dauerte weitere 60 Jahre, bis Wegeners Theorie schließlich bewiesen und in das Wissensrepertoire der Menschen übernommen wurde. Heute wissen wir, dass die sieben großen und vielen kleinen Lithosphärenplatten mit bis zu 10 cm pro Jahr durch die Mantelkonvektion angetrieben werden. Die Energie dazu kommt aus dem Erdinneren. An einigen Stellen der Tiefsee, den Mittelozeanischen Rücken, bildet sich fortwährend neuer Meeresboden aus dem heißen Erdinneren, während an anderen Stellen, in Subduktionszonen, die Lithosphärenplatten untereinander „abtauchen". Die Verschiebungen der Lithosphärenplatten gegeneinander geschehen dort, wo sie aneinanderstoßen, nicht gleichmäßig, sondern disruptiv: Immer wieder gibt es Vulkanausbrüche, Erdbeben, Seebeben und Tsunamis, wenn die Platten sich verhaken und irgendwann ruckartig abreißen.

Das Gesicht der Erde, wie wir es kennen, ist also nicht ewig. Es hat sich schon immer gewandelt und wandelt sich sehr langsam weiter. Die Plattentektonik gehorcht dabei möglicherweise einer Regelmäßigkeit, die nach dem Geowissenschaftler John Wilson auch Wilson-Zyklus genannt wird.

In geologischen Zeiträumen betrachtet bilden sich durch das Auseinander- und Zueinanderdriften der Lithosphärenplatten periodisch alle 200 bis 300 Millionen Jahre Superkontinente, die dann in kleinere Bruchstücke zerfallen, welche sich nach Hunderten von Millionen Jahren wieder zu einem neuen Superkontinent zusammenfinden.

Stromatolith aus Lester Park, New York.

Wir befinden uns 2,91 Milliarden Jahre vor heute.

Der erste wissenschaftlich gesicherte Superkontinent, der alle Landmasse umfasste, wird **Rodinia** genannt und auf ca. 1,1 Milliarden Jahre vor unserer Zeit datiert. Ältere Spuren früherer Kontinente sind kaum zu finden; es gibt aber Vermutungen über einen weiteren Superkontinent vor ca. zwei bis drei Milliarden Jahren. Rodinia, russisch für „Heimatland", bestand etwa 300 bis 400 Millionen Jahre und zerbrach dann in zwei oder drei Subkontinente, die zukünftigen Laurasia, Gondwana und Kongo.

Die Bildung und der Zerfall von Superkontinenten wird nach dem Geologen John Wilson „Wilson-Zyklus" genannt. Er formulierte 1970 seine Theorie, nach der die Kontinente sich alle 200 bis 300 Millionen Jahre vereinen und wieder trennen. Der Zyklus lässt ich in acht Phasen einteilen. **Ruhephase.** Die Lithosphärenplatten befinden sich scheinbar in Ruhe. An „Hotspots", dünnen Zonen im Erdmantel, können sich tiefe Risse bilden. **Rift-Phase.** Die Risse streben auseinander, Gräben entstehen (Rift-Valley in Ostafrika), an den Rändern kommt es zu Vulkanausbrüchen. **Rotes-Meer-Phase.** Der interkontinentale Riss ist so tief, dass Meerwasser eindringt und sich ein neuer Ozean bildet. **Atlantik-Phase.** Entlang ozeanischer Rücken bildet sich ständig neuer Meeresboden, indem Magma nach oben dringt. Die Lithosphärenplatten werden weiter auseinander geschoben. **Pazifik-Phase.** In Subduktionszonen taucht die ältere ozeanische Platte unter die weniger dichte kontinentale Platte, begleitet von starkem Vulkanismus (Pazifischer Feuerring). **Mittelmeer-Phase.** Der Ozean wird von umliegenden Landmassen eingeschlossen und trocknet schließlich aus. Die Kollision der Lithosphärenplatten beginnt. **Kollisions-Phase.** Kommt es nicht zur Subduktion, können Kontinente kollidieren. Dabei entstehen Gebirge durch Falten- oder Deckenbildung (Alpen, Himalaya). **Ruhephase.** Hochgebirge, die sich während der Kollisionsphase gebildet haben, verwittern, erodieren und werden abgetragen. Die neue Platte befindet sich scheinbar in Ruhe.

600 bis 540 Millionen Jahre vor unserer Zeitrechnung, im späten Präkambrium, trafen die drei Bruchstücke Rodinias wieder zusammen und formten den zweiten Superkontinent **Pannotia**. Dieser existierte vermutlich nur 60 Millionen Jahre, bevor er in Laurentia, Baltica, Sibiria und Gondwana zerfiel.

Wiederum 250 Millionen Jahre später, im Karbon, trafen unsere heutigen Kontinente aufeinander und bildeten den bisher letzten Superkontinent **Pangäa** (von pan – ganz, und gaia – Erde). Pangäa existierte ungefähr 150 Millionen Jahre, ehe sich die Kontinente über 135 Millionen Jahre in der uns bekannten Form anordneten. Doch dort verharren sie nicht: Schon in knapp 250 Millionen Jahren werden sie sich zu „**Pangäa Ultima**", dem nächsten Pangäa, zusammengeschlossen haben. Die Kollision der Afrikanischen mit der Eurasischen Platte erleben wir gerade live mit; sie ermöglicht unser aktuelles Skivergnügen in den Alpen.

Stromatoliten im Hamelin Pool Naturreservat, Australien.

Das hier ist die Zeit vor 2,87 Milliarden Jahren.

Seiner Zeit voraus

Als der 31-jährige Alfred Wegener am 6. Januar 1912 seine Theorie der Kontinentalverschiebung im Rahmen einer Tagung im Senckenberg Naturmuseum in Frankfurt vorstellte, hagelte es Kritik und Häme. Zu weit hergeholt schien seine Idee der Bewegung der Kontinente, zu offensichtlich war deren Verharren fest an einem Ort. Zudem war allgemein anerkannt, dass die Erde beim Abkühlen schrumpfe und so das Relief der Erdoberfläche zu erklären sei, und nicht durch die Kollision ganzer Erdteile.

Trotz seiner vorgebrachten paläobiogeologischen Beobachtungen und Indizien konnte er den Großteil der anwesenden Fachkollegen nicht überzeugen. Die sahen etwa das Auftreten gleicher taxonomischer Gruppen in Afrika und Südamerika als Beleg für vergangene Landbrücken. Dass die Vorfahren dieser Tiere sich auf ihren jeweiligen Kontinenten voneinander entfernt haben sollten, schien den meisten Zuhörern doch arg an den Haaren herbeigezogen – auch wenn niemand bestreiten konnte, dass die Konturen der Kontinente sehr gut zueinander passten.

Der studierte Astronom, Physiker und Meteorologe Wegener war seiner Zeit einfach voraus. Er wagte schon zu denken, was sich sonst kaum einer vorstellen mochte. Selbst der große Albert Einstein hing einer anderen Theorie an. Nach dieser bewegten sich nicht die Kontinente, sondern die Erde expandierte, wie ein Luftballon beim Aufpusten. Dabei sollten die Kontinente auseinanderreißen.

Was Wegener fehlte, war eine überzeugende Erklärung dafür, welche Energie die von ihm postulierte Reise der Kontinente antreiben sollte. Den Treiber der Plattentektonik – die Konvektionsströmungen zähflüssigen Gesteinsmaterials im Erdmantel – entdeckten Wissenschaftler erst in den 1960er Jahren.

Die Erde ist jetzt 1,77 Milliarden Jahre alt.

Da war Alfred Wegener, der Pionier der modernen Geologie, bereits seit über 30 Jahren tot. Gestorben war er 1930 bei einer Expedition ins eisige Grönland. Dorthin hatte er sich aufgemacht, um Land und Klima zu studieren. Von seinem ursprünglichen Forschungsgebiet, der Astronomie, hatte sich Alfred Wegener früh abgewandt, weil er meinte, dass auf diesem Gebiet nur noch wenig zu entdecken sei. Wie viel Entdeckerblut in ihm steckte, hatte er schon 1905 bewiesen, als er zusammen mit seinem Bruder im Zuge eines meteorologischen Experiments einen neuen Weltrekord im Ballonfahren aufstellte – 52 Stunden waren beide oben geblieben, und das ohne eine wirklich gute Ausrüstung.

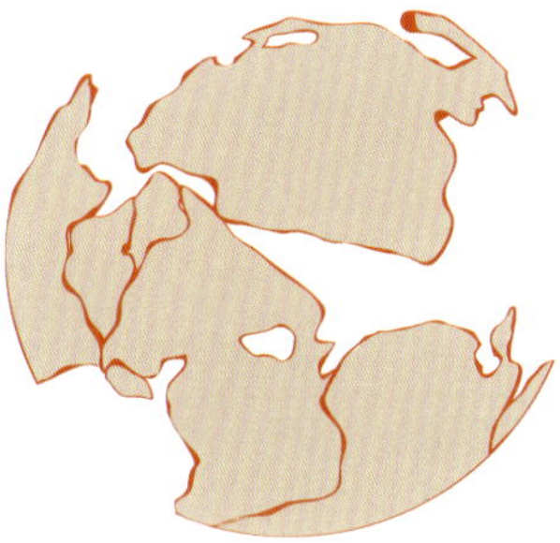

Vor 300 Millionen Jahren

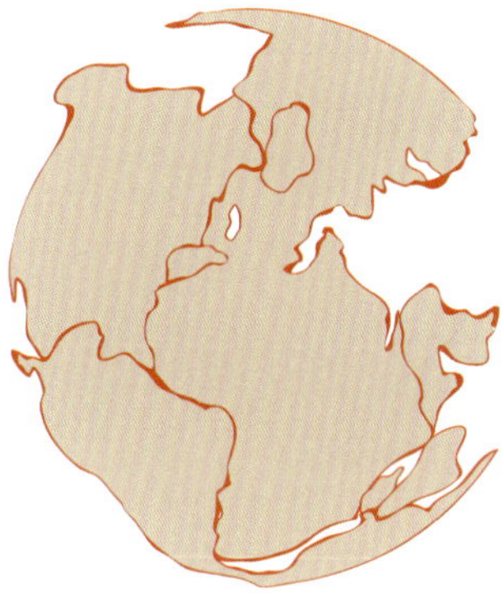

Vor 200 Millionen Jahren

Vor 150 Millionen Jahren

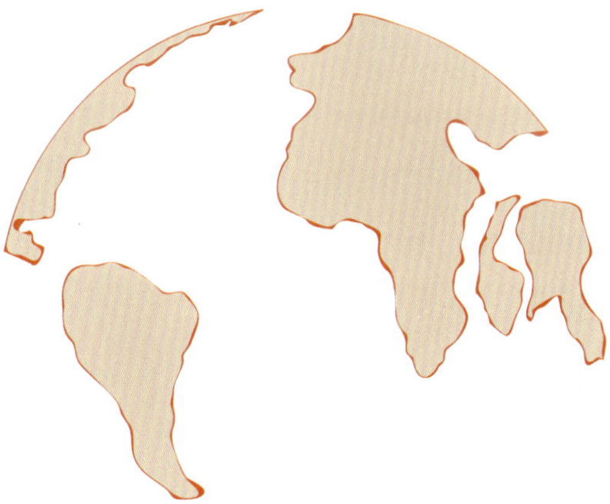

In 50 Millionen Jahren

Heute

Wir befinden uns hier.

Ehe Sie umblättern: Wir befinden uns 2,79 Milliarden Jahre vor heute.

Hier beginnt das Neoarchaikum. Es dauert 300 Millionen Jahre oder siebeneinhalb Buchseiten.

Die Welt mit uns

Wir sind *Homo sapiens* – der wissende Mensch

Wir waren schon Gejagte und bedrohte Art, sind als Jäger und Sammler staunend durch die Welt gewandert, haben Tiere und Pflanzen domestiziert und die Erde vom Weltall aus betrachtet. Wir sind auch neugierige Denker, Künstler und Erfinder und nutzen unsere Fähigkeiten, der Welt immer mehr unseren Stempel aufzudrücken.

Wir bauen die Welt um und manchmal Komponenten von ihr nach. So nehmen wir Einfluss auf die Welt und hängen doch viel stärker von ihr ab, als mancher wahrhaben will.

Seit etwa 150.000 bis 200.000 Jahren gibt es uns – den *Homo sapiens*, den wissenden Menschen. Lange Zeit waren wir kaum mehr als Zuschauer auf unserem Planeten, mit ebenso geringem Einfluss wie andere Säugetiere unserer Größe.

Kein Wunder, sind wir doch ein eher „mittelmäßiges Tier". Wir können ein *bisschen* rennen, ein *bisschen* schwimmen, ein *bisschen* Temperaturschwankungen aushalten. Aber in *allem* mittelmäßig sein, dazu die Hände frei haben und ein komplexes Gehirn sein Eigen nennen, das macht uns zum Champion. Wir können uns über Gedanken und Ideen austauschen, über den richtigen Weg zum Ziel diskutieren und dabei Argumente wechseln. Kein Tier kann so über Abstraktes und nie Gesehenes mit seinen Artgenossen kommunizieren.

Mehr als einmal wären wir modernen Menschen dennoch fast ausgestorben. Das letzte Mal vor etwa 70.000 Jahren, als mit dem indonesischen Toba ein „Supervulkan" ausbrach, das Klima sich dramatisch und lang anhaltend veränderte und die Weltpopulation des Menschen wohl auf die Bevölkerungszahl einer heutigen Kleinstadt geschrumpft war. Wissenschaftler sprechen ganz unromantisch von einem Absinken der Populationsgröße auf weniger als 10.000 fortpflanzungsfähige Paare.

Wir haben uns seitdem gut erholt und prägen das momentane Erdzeitalter so stark, dass Wissenschaftler vorschlagen, es das Anthropozän, das Zeitalter des Menschen, zu nennen.

Was uns über all die Zeit geblieben ist, ist unsere Neugier, die Welt um uns zu verstehen. Das war manchmal überlebenswichtig, manchmal aber sicher einfach die Lust, ein Rätsel zu lösen. Wie fliegen Vögel, mögen sich schon Menschen vor 150.000 Jahren gefragt haben, auch wenn das keine Frage ist, deren Beantwortung überlebenswichtig war. Es ist aber spannend, sie zu lösen.

Im Laufe unserer (jüngsten) Entwicklung hat sich diese Neugier einen neuen Weg gebahnt. Der Mensch erforscht seine Umwelt. Er stellt konkrete Fragen und versucht durch Anwendung ausgeklügelter wissenschaftlicher Methoden, der Natur ihre Geheimnisse zu entlocken.

Aber auch Forschung verändert sich – von einer beschreibenden Wissenschaft hin zu einer, die Prozesse nicht nur verstehen, sondern sogar vorhersagen möchte.

Wenn Wissenschaft sich dann auch noch mit Ingenieurskunst, Planungsgeschick oder Mut zur Innovation verbindet, entstehen ganz neue Konzepte und Handlungsoptionen – und damit nie geahnte Chancen, Dinge besser zu machen.

Auf geht's in die Welt mit uns!

Was ist neu?

Sind Klimawandel und Veränderungen in der Biodiversität unseres Planeten ein alter Hut? Eigentlich schon. Was neu ist, ist die rasante Geschwindigkeit, mit der sich unsere klimatischen und ökologischen Rahmenbedingungen auf der Erde gerade ändern.

Die im Kapitel „Und sie bewegt sich doch" beschriebenen Massenaussterbeereignisse (und die nachfolgende Erholung der Biodiversität mit der teilweise explosionsartigen Vermehrung von Arten) waren weniger singuläre Ereignisse als Entwicklungsprozesse, die manchmal über Jahrmillionen abliefen, mindestens aber mehrere Jahrtausende umfassten. Heute verlaufen Änderungen von Biodiversität und Klima so schnell, dass wir sie selber miterleben können. Das ist neu und nicht unbedingt gut, weil biologische Systeme, wenn überhaupt, nur träge und in engen Grenzen reagieren können.

Mehr, mehr, mehr

Diese Entwicklung basiert auf einer Reihe von Veränderungen etlicher Parameter, die seit langer Zeit nur einen Trend kennen: nach oben.

Heute, im Zeitalter des Anthropozäns, spielt der Mensch eine ganz entscheidende Rolle bei der Gestaltung der Welt. Dabei ist die Entwicklung der weltweiten Bevölkerungszahl von zentraler Bedeutung – und diese Kurve zeigt ein exponentielles Wachstum.

Unser Verlangen nach immer mehr hat weitreichende Konsequenzen. Wir dringen in entlegene und fragile Lebensräume vor. Dabei nehmen wir große ökologische Risiken in Kauf – wie hier im Falle des Deep Water Horizon Unfalls im Jahre 2010 im Golf von Mexiko.

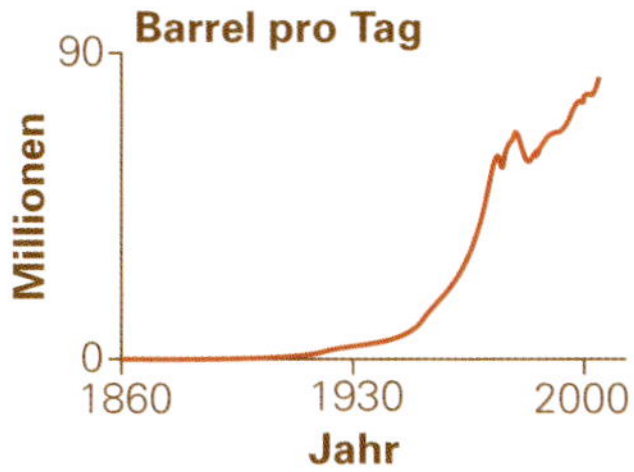

Unabhängig davon, in welche Richtung die Kurve der Weltbevölkerung sich in Zukunft entwickeln wird: Immer mehr Menschen verbrauchen immer mehr (z.B. Rohöl).

Das hat dazu geführt, dass viele immer reicher wurden: Das globale Bruttosozialprodukt pro Kopf (Basis: USD 1990) steigt seit 1850 exponentiell an. (Y-Achse logarithmisch.)

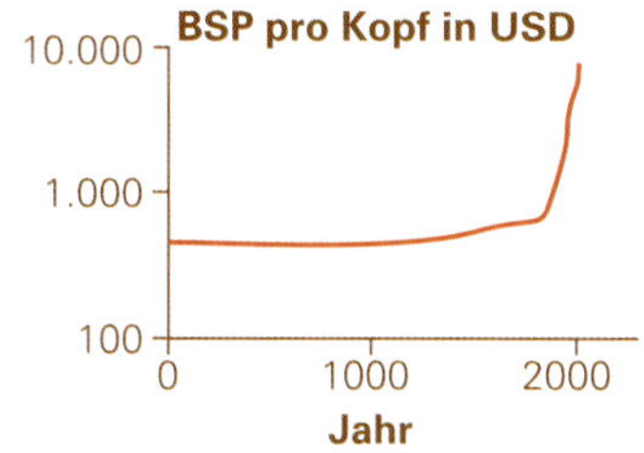

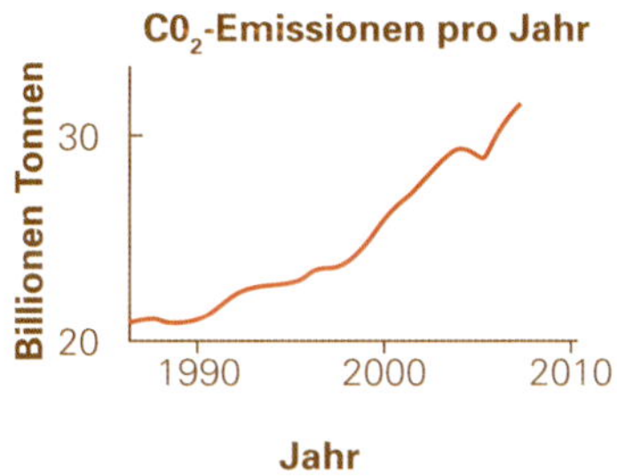

Die sehr schnelle wirtschaftliche Entwicklung wurde lange befeuert durch den Einsatz immer größerer Mengen fossiler Brennstoffe, die die CO_2 Menge in der Atmosphäre ebenso rasch ansteigen ließen.

Das führt auch dazu, dass sich das Klima rasant erwärmt.

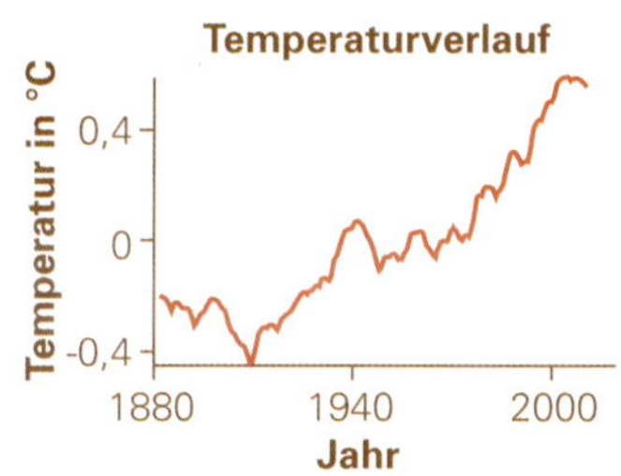

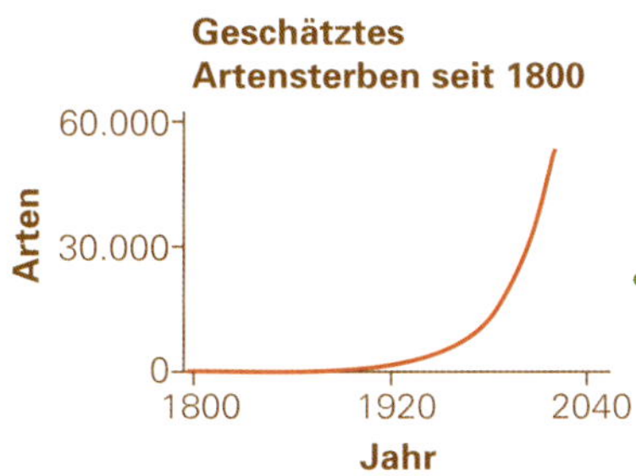

Klimawandel ist neben anderen menschlichen Eingriffen in die Natur mitverantwortlich dafür, dass das Artensterben sich dramatisch beschleunigt hat.

Wie sich Forschung verändert

Nicht nur die Themen, mit denen sich Wissenschaftler beschäftigen, sondern Forschung selber verändert sich.

Menschen sind immer neugierig. Damit könnte Forschung eine der ältesten Professionen der Welt sein. Am Anfang stand aber sicher oft das zufällige Entdecken und nicht die Suche nach Antworten auf wissenschaftliche Fragen. Aber auch mit diesem zufälligen Entdecken ist ein Erkenntnisgewinn verbunden, der für Forschung charakteristisch ist. Frühe Naturwissenschaftler beobachteten und beschrieben die Natur in erster Linie, und sie sammelten: Tiere, Pflanzen, Fossilien, Gesteine und Artefakte. Noch heute können solche Sammlungen in Forschungseinrichtungen und Museen wie dem Senckenberg bewundert werden. Sie werden dabei immer noch für die Forschung genutzt und von Wissenschaftlern weiter komplettiert.

Neben der Beobachtung der Natur folgte bald die Manipulation mittels Experimenten. Experimentieren ist noch heute eine anerkannte wissenschaftliche Methode, bei der man eine Forschungsfrage und Hypothesen formuliert, die dann im Experiment bestätigt beziehungsweise falsifiziert werden. Heute gelten dafür strenge Regeln, und der lange Zeit beliebte Selbstversuch wird immer seltener praktiziert. Zum Glück, möchte man sagen, wenn man hört, dass Edward Jenner sich 1794 mit Gewebe aus einer Kuhpockenwunde infizierte, um zu erproben, ob er gegen eine Infektion mit echten Pocken immun sei (die gute Antwort lautete: ja), oder dass sich Ferdinand von Hebra im 19. Jahrhundert mit Krätzmilben infizierte, um zu beweisen, dass diese die Krätze verursachten (die schlechte Antwort lautete: ja, Recht gehabt!).

Naturwissenschaftler wenden eine Vielzahl wissenschaftlicher Methoden an. Dazu gehört das Anlegen und Studium von Sammlungen (links) ebenso, wie die Nutzung komplizierter Mess- und Analyseverfahren im Labor (rechts).

Forschung, Expedition oder Landpartie? In den Anfängen waren Reisen in entlegene Erdteile große Abenteuer, und auch die Ausrüstung und Bekleidung wurde erst nach und nach funktionell. Hier trug man noch Krawatte beim Entdecken. Das Bild zeigt Teilnehmer der Valdivia-Tiefsee-Expedition 1898/99.

Während Experimente einen Einblick in das Jetzt geben, öffneten Naturbeobachtungen schon im 18. Jahrhundert ein Fenster in die Vergangenheit.

Vergangenheit und Gegenwart sind schon lange Gegenstand wissenschaftlicher Forschung. Der Blick in die Zukunft war lange nicht Tätigkeitsfeld seriöser Wissenschaft.

Mit der Einführung der Informationstechnik in die Naturwissenschaft und der damit verbundenen Möglichkeit, riesige Datenmengen zu verarbeiten, wagen im 21. Jahrhundert immer mehr Wissenschaftler einen Blick in die Zukunft. Das tun sie mit Computermodellen, die Erkenntnisse und Beobachtungen aus einem natürlichen System (z.B. einem Ökosystem, einer Tierpopulation oder dem Klimasystem der Erde) in ein mathematisches System überführen. Gespeist mit Regeln und Annahmen, errechnet der Computer dann über eine riesige Anzahl von Durchläufen mögliche Entwicklungen dieses Systems.

Wie gut ein Modell funktioniert, kann man testen, indem man es mit seinen Berechnungen nicht heute, sondern schon in der Vergangenheit beginnen lässt. Ein gutes Modell sollte dann Resultate liefern, die dem Istzustand des Systems heute möglichst nahe kommen. Auch wenn Wissenschaftler viele Fragen beantworten, wirft jeder Erkenntnisgewinn und jede Antwort neue Forschungsfragen auf. Das gilt auch und gerade für Biodiversitäts- und Klimaforschung.

Die Grafik ist das Ergebnis eines Klimamodells des Weltklimarates (IPCC). Danach erwärmten sich die nördliche Hemisphäre und besonders der Nordpol am meisten.

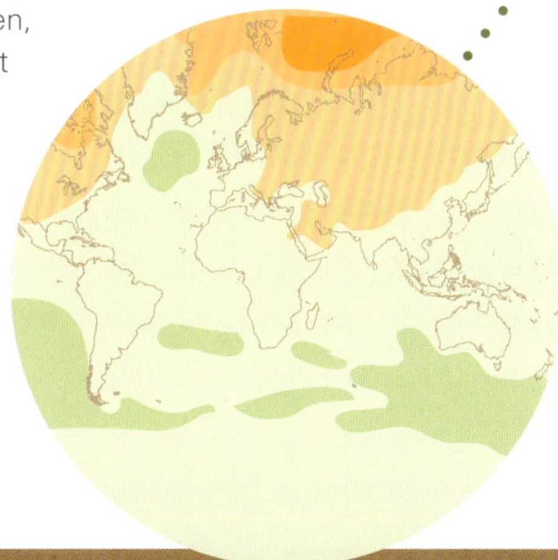

Weil die Lithosphäre nun endlich dick genug ist, können Berge von über 2.500 m entstehen.

Die zweite Milliarde ist erreicht: 2,07 Milliarden Jahre.

Warst Du das?

„Ich hab nix gemacht!", sagen Kinder gerne, und man ahnt dann schon, dass irgendetwas ganz, ganz schief gegangen ist. Ein bisschen so ist es mit den Eingriffen in Klima, Leben und Zukunft unseres Planeten. Jeder von uns meint, eigentlich nichts gemacht zu haben. Im Gegenteil: Wir fahren doch schon weniger Auto, essen öfter mal Biogemüse aus der Region, nutzen Energiesparlampen und spenden für den Naturschutz.

Ob noch ein bisschen mehr ginge, dazu kommen wir im dritten Teil unseres Buches. Hier wollen wir zunächst zeigen, wo und wie wir eingreifen – als Menschheit, bestehend aus sieben Milliarden Individuen, die alle eigentlich nichts gemacht haben und die Erde dennoch immer stärker verändern.

Auf der Erde spielt Kohlenstoff eine zentrale Rolle. Wir bestehen zu etwa 28 % aus Kohlenstoff, wir essen hauptsächlich Kohlenstoff (als Kohlenhydrate) und haben unsere Wirtschaft auf dem Fundament eines kohlenstoffbasierten Energiesystems aufgebaut (Erdöl, Kohle und Erdgas).

Das System Erde wird viel stärker vom Leben geprägt als wir lange wussten. Zwar ist der Einfluss eines jeden einzelnen Organismus sehr gering, ihre riesige Anzahl führt aber dazu, dass Lebewesen die (Lebens-)Bedingungen auf der Erde wesentlich bestimmen. Mit der Entwicklung der ersten Landpflanzen im Silur-Devon sank der CO_2-Gehalt der Atmosphäre deutlich. Der Treibhauseffekt ging zurück, und das seinerzeit eher warme Erdklima kühlte sich ab. Damit veränderten die Pflanzen das Bild der Erde insgesamt entscheidend.

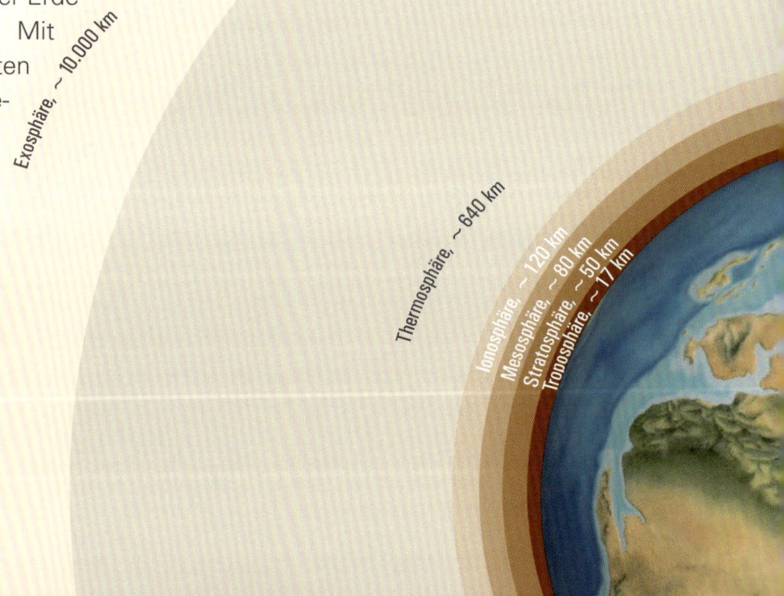

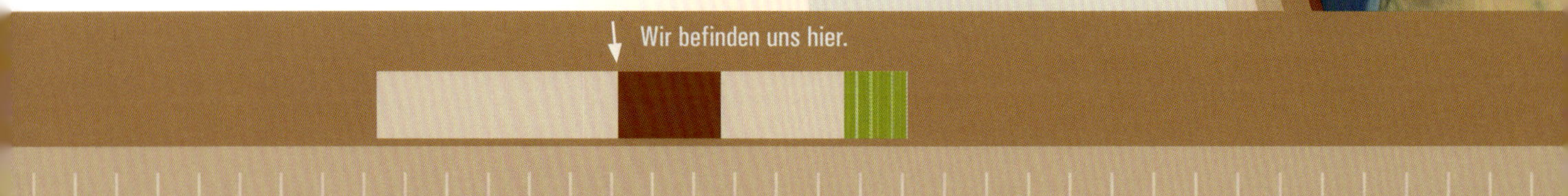

Hier beginnt das Paläoproterozoikum. Es wird 900 Millionen Jahre dauern. Das sind 22 und eine halbe Buchseite.

Die Erde ist jetzt 2,11 Milliarden Jahre alt.

Damals wie heute sind Effekte von (menschlichen) Eingriffen oft erst mit einer großen zeitlichen Verzögerung sichtbar, weil die Erde ein träges System ist. So wird sich die oberflächennahe Lufttemperatur selbst dann noch einige Jahrhunderte lang erhöhen, wenn wir den CO_2-Ausstoß sofort stoppen, weil CO_2 sehr langlebig ist und ein Großteil unserer Emission dort Hunderte bis Tausende von Jahren verbleibt Der Meeresspiegel wird sogar noch mehrere Jahrhunderte ansteigen, weil die Tiefsee sich nur langsam erwärmt und kontinentale Eisschilde nur allmählich abschmelzen. Das Abschmelzen von Gletschern wird vermutlich sogar noch Jahrhunderte bis Jahrtausende andauern.

Wenn wir heute den CO_2-Ausstoß nahezu auf null reduzierten, brauchten Temperatur, Meeresspiegel und die atmosphärische CO_2-Konzentration noch hunderte bis tausend Jahre, um sich zu stabilisieren.

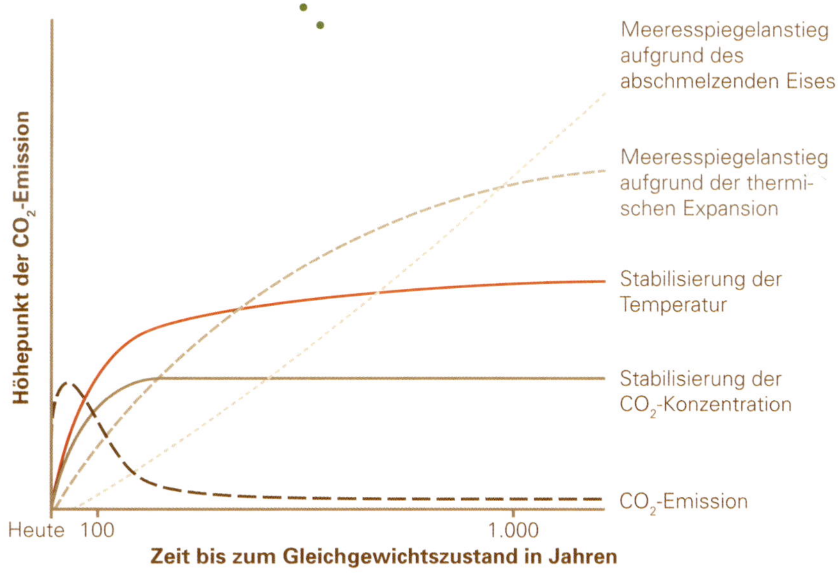

Am Ende dieser Seite ist die Erde 2,15 Milliarden Jahre alt.

Die Gaszusammensetzung der Atmosphäre, die globale (sowie lokale) Temperatur und die Lebensbedingungen der Erde werden maßgeblich durch ihre Landbedeckung und die Lebewesen bestimmt, die sie bewohnen. Heute greift der Mensch besonders massiv ein. Nicht nur durch die Emissionen von Kohlendioxyd, sondern auch durch die Freisetzung von Methan und Eingriffe in den Stickstoffkreislauf. Die Sphären der Erde beeinflussen sich gegenseitig. Sie stehen über verschiedene Kreisläufe (z.B. Wasser-, Kohlenstoff-, Stickstoffkreislauf) in Verbindung. Für die Eingriffe des Menschen spielen die zwei Kohlenstoffkreisläufe eine besondere Rolle. Der schnelle wird bestimmt von Pflanzen und Phytoplankton und fluktuiert im Jahresrhythmus. Wenn auf der nördlichen Hemisphäre im Frühjahr und Sommer Landschaften ergrünen – also viel Photosynthese stattfindet – entziehen die Pflanzen der Atmosphäre CO_2. Dann sinkt die atmosphärische Kohlenstoffmenge weltweit um etwa 2 ppm CO_2. Im Herbst und Winter der Nordhalbkugel überwiegen Atmung und Zersetzung von Pflanzenmaterial, der CO_2-Gehalt der Atmosphäre steigt wieder. Die Jahreszeiten auf der Südhalbkugel haben keinen so großen Effekt, weil die Landmassen hier geringer sind. Im Jahr durchlaufen über 100 Milliarden Tonnen Kohlenstoff diesen schnellen Zyklus.

Methan (CH_4) entsteht durch mikrobielle Fermentation in natürlichen Quellen wie Feuchtgebieten, Süßgewässern, Ozeanen und durch Termiten, seit wenigen Jahrzehnten aber vermehrt durch menschliche Aktivitäten wie die Haltung von Wiederkäuern, den Nassreisanbau, durch Kläranlagen, auf Deponien und durch Lecks bei Erdgasförderung und -transport. Insgesamt entlassen Menschen mit diesen Aktivitäten weit mehr Methan in die Atmosphäre als alle natürlichen Systeme zusammen. Weil Methan ein etwa 21-mal wirksameres Treibhausgas als CO_2 ist, wird dieser Eintrag problematisch. Von 1750 bis 2005 haben wir den Anteil von Methan in der Atmosphäre von 715 ppb (ein Molekül pro Milliarde Moleküle) auf 1.774 ppb erhöht – die höchste Konzentration seit 650.000 Jahren.

In Methanhydraten ist Methan in erstarrtem Wasser eingelagert. Es kommt natürlicherweise in Permafrostböden und an den Kontinentalabhängen in Ozeanen in Tiefen von mehr als 300 m vor. Bei sinkendem Druck und steigenden Temperaturen wird aus Methanhydraten schnell viel Methan freigesetzt. Sollte dies in Zukunft durch die Erhöhung der Meerestemperatur geschehen, würde sich unser Klima dramatisch verändern.

Stickstoff (N) ist mit fast 80 % das häufigste Element unserer Luft. Durch den Anbau von Pflanzen, die mit Hilfe von Wurzelbakterien Luftstickstoff binden können, und die Anwendung des Haber-Bosch Verfahrens zur Herstellung von Kunstdünger haben Menschen die Menge jährlich biologisch verfügbaren Stickstoffs verdoppelt und den Stickstoffkreislauf der Erde enorm beeinflusst.

In seinen verschiedenen Verbindungen wirkt Stickstoff auf Klima und Ökosysteme. Lachgas (N_2O), das durch Stickstoffdüngung, Verbrennung von Biomasse (also auch der Brandrodung von Wäldern), bei der Verdauung von Wiederkäuern und durch industrielle Prozesse entsteht, zerstört die Ozonschicht und ist ein starkes Treibhausgas.

Ammoniak (NH_3) lagert sich in der Atmosphäre an Wassertröpfchen an und reagiert schließlich zu Salpetersäure (HNO_3), die sauren Regen mitversursacht. Die Ammoniakmenge in der Atmosphäre hat sich durch menschliche Aktivitäten ungefähr verdreifacht.

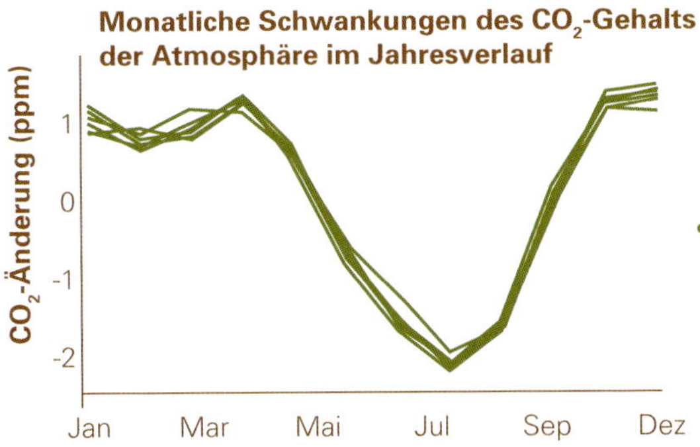

Mit dem Wechsel der Jahreszeiten ändert sich auch die CO_2-Konzentration im schnellen Kohlenstoffkreislauf der Atmosphäre. Wenn die großen Landmassen der nördlichen Hemisphäre im Frühjahr und Sommer ergrünen, entziehen sie der Atmosphäre Kohlenstoff. Die Grafik zeigt die Differenz der Kohlendioxydwerte eines Monats zu seinem Vormonat. Im August werden so der Atmosphäre ca. 2 ppm entzogen. Wenn im Herbst und Winter die Vegetation abstirbt, kehrt das CO_2 durch Zersetzung und Atmung in die Atmosphäre zurück.

Natürliche Ökosysteme wie Moore, Wälder oder Meere sind gigantische CO_2-Speicher. Bis heute nehmen sie einen großen Teil der vom Menschen verursachten Kohlendioxydemissionen auf.

Das Alter unseres Planeten ist jetzt 2,24 Milliarden Jahre.

Die Sphäre ist eine Bezeichnung, die im Altertum für das Himmelsgewölbe verwendet wurde, das als Kugeloberfläche gedacht war. Der Bezeichnung Sphären (Mehrzahl) lag die geozentrische Vorstellung zugrunde, dass das Himmelsgewölbe aus konzentrischen, durchsichtigen, kristallenen Kugelschalen in verschiedenen Abständen besteht, die sich unterschiedlich drehen, und an die die Sterne angeheftet sind.

Der langsame Kreislauf folgt dem Weg des Kohlenstoffs durch die Lithosphäre, die Pedosphäre, die Ozeane und die Atmosphäre während chemischer und tektonischer Aktivitäten. Diese Prozesse dauern 100 bis 200 Millionen Jahre. Pro Jahr durchlaufen ca. 10 bis 100 Millionen Tonnen Kohlenstoff diesen langsamen Zyklus, also etwa ein Tausendstel des schnellen Zyklus. In Gesteinen gebunden sind schätzungsweise weitere 65.500 Milliarden Tonnen Kohlenstoff.

Durch die Verbrennung fossiler Energieträger verschieben wir Kohlenstoff aus dem langsamen in den schnellen Kohlenstoffzyklus. Im Jahr sind das zur Zeit ca. neun Milliarden Tonnen. Die CO_2-Kapazität des schnellen Zyklus ist eng an die Photosyntheseaktivität grüner Pflanzen gekoppelt. Reicht die Photosynthese der Pflanzen nicht aus, das Gleichgewicht zu halten, steigt der Anteil Kohlendioxyd in der Atmosphäre – wie in den letzten 200 Jahren – stetig an.

Die Sphären der Erde tauschen Kohlenstoff über den schnellen und langsamen Kohlenstoffkreislauf aus. Die Wälder der nördlichen Hemisphäre sind im Jahresverlauf veränderliche Kohlenstoffspeicher. Sie binden viel CO_2, wenn sie im Frühjahr neues Laub bilden, und geben dieses CO_2 teilweise im Herbst und Winter mit dem Laubfall wieder ab. Einen Teil des gebundenen CO_2 speichern sie aber langfristig im Holz. So lange, bis es entweder verrottet oder verbrannt wird.

Ungefähr zwischen dieser und der nächsten Seite hat die Erde fast die Hälfte Ihres Alters erreicht: 2,28 Milliarden Jahre.

Ökologischer Fußabdruck

Experten haben sich Gedanken gemacht, wie man den Naturverbrauch von Menschen darstellen, also seinen „Ökologischen Fußabdruck" berechnen könnte. Die Idee ist einfach: Man ordnet allen Ressourcen, die ein Mensch (oder ein Unternehmen, ein Land) braucht, einen Flächenbezug zu. Wie viel Fläche ist nötig, um diesen Menschen mit Lebensmitteln zu versorgen, seinen Abfall zu entsorgen, seine CO_2-Emissionen aufzunehmen, ihn reisen oder wohnen zu lassen? Hinzu kommt sein Anteil am Flächenverbrauch seines Staates und der Unternehmen, auf deren Produkte und Leistungen er zugreift. Berechnet wird das in „globalen Hektar". Insgesamt war die globale Bilanz von ökologischem Fußabdruck und Biokapazität bis etwa Mitte der 1980er Jahre ausgeglichen. Seitdem verbrauchen wir immer mehr. Das funktioniert gerade noch, weil die Erde uns ein Naturkapital zur Verfügung stellt, das über lange Zeit angespart wurde. Wer aber sein Kapital angreift, anstatt von den Zinsen zu leben, und kein neues Kapital erzeugt, verliert langfristig seine Lebensgrundlage.

Weil wir Ökosysteme so stark übernutzen, sank die Biokapazität unseres Planeten weiter – bis 2006 auf 1,8 globale Hektar pro Person. Selbst die hätten wir nicht alle nutzen sollen, weil wir zur Sicherung von Ökosystemleistungen auch gewisse Flächen in ihrem natürlichen Zustand belassen müssen. Jeder Deutsche hatte 2006 übrigens einen ökologischen Fußabdruck von 4,03 globalen Hektar und damit wesentlich mehr als ihm zustand. Die letzte Berechnung für Deutschland aus dem Jahr 2010 ergab, dass der Fußabdruck eines jeden von uns weiter gestiegen war: auf 5,09 Hektar.

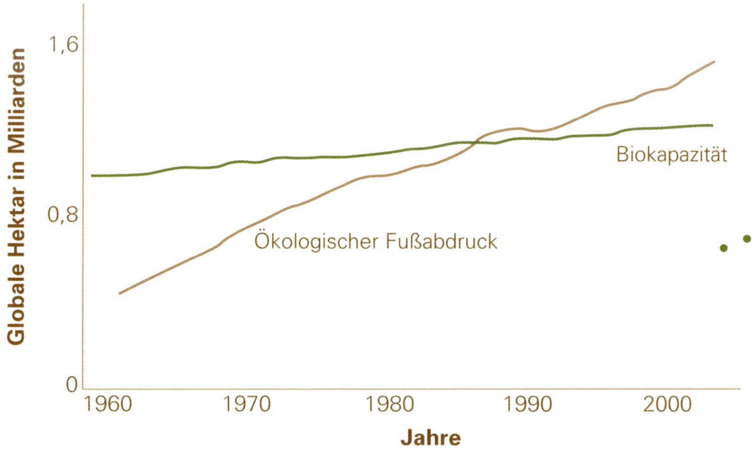

Während die Biokapazität der Erde nur leicht ansteigt (hauptsächlich durch verbesserte landwirtschaftliche Methoden), steigt der ökologische Fußabdruck der Menschheit seit über 50 Jahren fast linear an. Seit Mitte der 1980er Jahre nutzen Menschen das Naturkapital der Erde stärker als es nachwachsen kann. Dieses Phänomen nennt man „Overshoot".

Hallo neue Nachbarn!

Wir reisen viel, und das nicht immer alleine. Durch unsere unvergleichlich große Mobilität eröffnen wir auch anderen Arten ganz neue Formen der Ausbreitung – manchmal als blinde Passagiere, wie Ratten, die per Schiff auch entlegenste Inseln besiedelten (und sich dort gleich durch die bodenbrütenden Vogelarten fraßen), oder Schlangen, die per Flugzeug nach Guam reisten (und dort die Fauna der ganzen Insel umkrempelten, weil solche Räuber hier bis dato unbekannt waren). Aber auch bei uns gibt es neue Nachbarn. Sind diese neuen Nachbarn Tiere, spricht man von Neozoen, im Unterschied zu Neophyten bei Pflanzen. Für Deutschland sind bis heute etwa 800 solcher Neobiota erfasst. Damit machen sie etwa 1 % der Artenvielfalt in Deutschland aus. Viele von ihnen bleiben unauffällig. Einige werden aber invasiv wie die pazifischen Austern oder stellen schon in geringer Dichte eine Gefahr dar, weil sie selber gefährlich sind oder Krankheiten übertragen wie die Tigermücke.

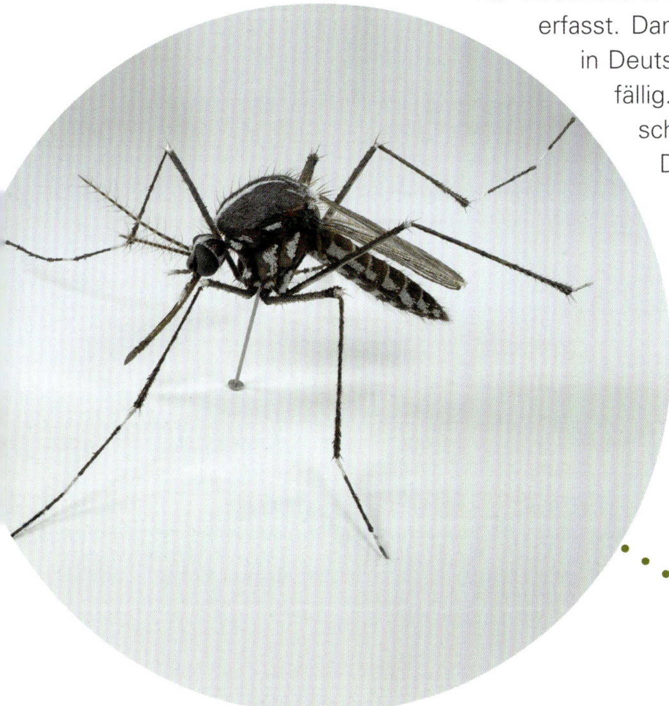

Ein neuer Nachbar, den wir nicht so gerne sehen, ist die Tigermücke (*Stegomyia albopicta*). Das in Asien heimische Insekt findet mit der fortschreitenden Erwärmung auch in nördlichen Breiten gute Lebensbedingungen. Die Tigermücke überträgt unter anderem das West-Nil-Virus und das gefährliche Denguefieber.

Manch ein Flaneur im Wiesbadener Stadtpark blickt erstaunt den leuchtend grünen Halsbandsittichen hinterher. Noch größere Augen machen sicher die Besucher des Biosphärenreservats Schaalsee, wenn sie sich südamerikanischen Nandus gegenüber sehen, oder Bewohner des Münsterlands, wenn ihnen die hier lebenden Flamingos begegnen. Diesen Vögeln ist gemeinsam, dass sie für einheimische Tiere kein Problem darstellen. Waschbären sind inzwischen in weiten Teilen Deutschlands anzutreffen. Das Drüsige Springkraut ist eigentlich in Indien heimisch. Jetzt wird es mancherorts zum Konkurrenten für heimische Flora.

Die Atmosphäre reichert sich mit Sauerstoff an.

... und 2,57 Milliarden Jahre haben wir noch vor uns.

Das Leben der Anderen

Vielzeller, wie wir sie kennen, mit einer großen Anzahl von spezialisierten und hoch differenzierten Zellen traten erstmals vor 600 Millionen Jahren im Pflanzenreich auf. Aber schon vor mindestens 2,6 Milliarden Jahren griffen Lebewesen erstmals spürbar in das Erdklima ein. Die bereits erwähnten Cyanobakterien, damals schon eine Milliarde Jahre alt, „entdeckten" die Photosynthese und konnten so Sonnenenergie in chemische Energie (Zucker) umwandeln, indem sie CO_2 aus der Atmosphäre reduzierten. Sie begannen, als Abfallprodukt dieses chemischen Prozesses Sauerstoff abzusondern und damit die Gaszusammensetzung der Atmosphäre völlig zu verändern. Sauerstoff reicherte sich erst im Wasser, dann in der Lufthülle an und führte zur Ausbildung der Ozonschicht. Sie schützt seitdem das Leben auf dem Festland vor der tödlichen UV-Strahlung.

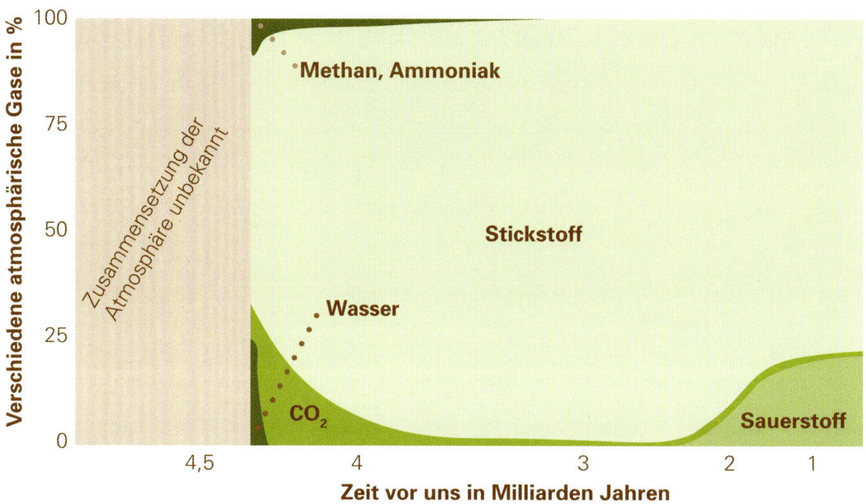

Schematische Darstellung der Gaszusammensetzung der Atmosphäre. Die Uratmosphäre bestand zu großen Teilen aus Wasser, CO_2, Ammoniak und Methan. Kohlendioxyd wurde in den Meeren zunächst als Kalk und dann durch Photosynthese gebunden. Sauerstoff trat erst vor ca. 2,5 Milliarden Jahren in größeren Mengen auf. (X-Achse umgekehrt logarithmisch.)

Die Erde ist jetzt
2,62 Milliarden Jahre alt.

Sauerstoff ist heute eines der häufigsten Element der Erdhülle. Unsere Luft besteht zu 21 % aus molekularem Sauerstoff (O_2). In höherer Konzentration ist Sauerstoff für die meisten Lebewesen giftig, weil er hochreaktiv ist. Sauerstoff lässt Eisen rosten, Feuer brennen und ist wichtiger Bestandteil der Atmo-, Bio-, Litho- und Hydrosphäre. Mit der Wandlung von einer anaeroben zu einer Sauerstoffatmosphäre sind viele der damals existierenden Einzeller ausgestorben.

Sauerstoff reagiert auch mit Methan zu CO_2 und Wasser. Weil Methan ein etwa 21-mal stärkeres klimaschädliches Gas als Kohlendioxyd ist, trug die neue Sauerstoffquelle durch ihren „Methanabbau" zur Minderung des Treibhauseffekts bei. Es wurde kühler – und kühler – und kühler. Im Neoproterozoikum vor 750 bis 580 Millionen Jahren war es schließlich so kalt, dass unsere Erde vermutlich fast völlig vereiste und einem planetengroßen Schneeball glich. Nur die „Anomalie des Wassers", das seine größte Dichte erst bei 4°C erreicht (und damit unter der festen, kälteren und somit leichteren Eisschicht flüssig bleibt), rettete das Leben vor dem kompletten Exitus. Über einen Zeitraum von zehn Millionen Jahren blieb es bei globalen Temperaturen weit unter dem Gefrierpunkt. Erst durch Vulkanausbrüche änderte sich das Bild – und zwar schnell. Durch ihren Ausstoß von Klimagasen heizte sich die Erde auf – vermutlich innerhalb weniger hundert Jahre auf tropische Temperaturen.

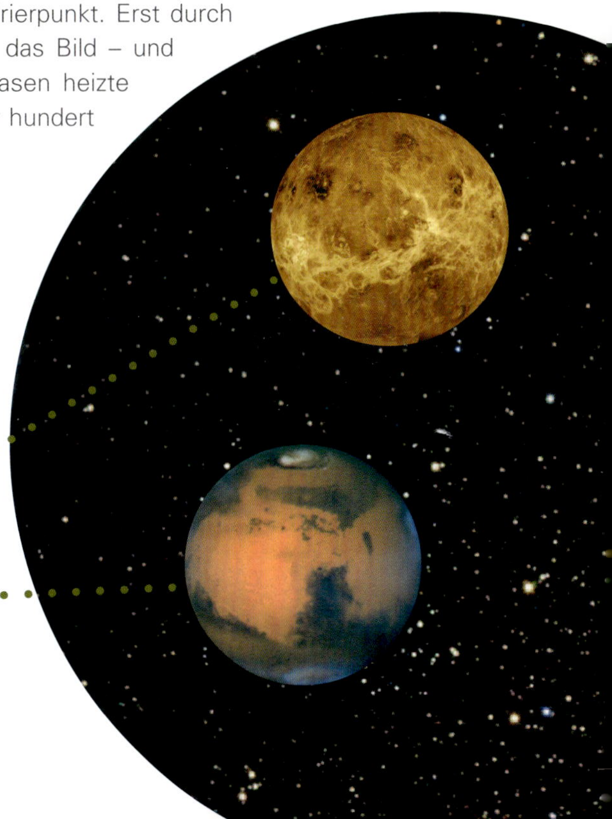

Sauerstoff reagiert mit Wasserstoff zu Wasser, einem wesentlichen Grundstoff des Lebens. Ohne Sauerstoff hätte die Erde ihren leicht flüchtigen Wasserstoff verloren, so wie Venus und Mars, auf denen es heute daher auch kein freies Wasser mehr gibt.

Ein von Lebewesen hervorgerufener Klimawandel ist also kein neues Phänomen. Lebewesen können das Klima verändern und tun dies schon lange. Ebenso wenig neu ist die Tatsache, dass Klimawandel auf das Leben und damit auf die Biodiversität wirkt. Verändern sich die Zusammensetzung der Atmosphäre und in der Folge die Temperatur, das Niederschlagsmuster oder die Höhe des Meeresspiegels, ist das schlecht für die Arten, die bereits günstige Rahmenbedingungen vorfanden. Ihre Lebensbedingungen ändern sich – manchmal derart, dass sie aussterben. Dies trifft erst Pflanzen und wenig bewegliche Tiere (also festsitzende, aber auch solche, die klein und langsam sind). Ihre Möglichkeiten, den neuen Bedingungen räumlich auszuweichen, sind begrenzt. Verändert sich die Vegetation, verringern sich schließlich auch die Lebensräume großer und mobiler Tiere und damit die Überlebenswahrscheinlichkeit vieler Arten. Durch Klimawandel ändern folglich ganze Ökosysteme ihr Gesicht.

Bis heute gilt: Wir wissen wenig darüber, wie Ökosysteme genau funktionieren. Ökosysteme bestehen aus einer Vielzahl von Arten, die durch ein Netz von Prozessen miteinander in Verbindung stehen. Hervorgerufen durch klimatische Veränderungen, können sich diese Gefüge über eine Kaskade von Ereignissen schnell und dauerhaft verändern. Dabei können kleine, klimabedingte Veränderungen große Wirkungen haben. So können Bestäuber (meist Insekten) und Blütenpflanzen durch Temperaturveränderungen betroffen sein: Dann steht der Bestäuber nicht zur Verfügung, wenn die Entwicklung der Pflanze seinen Bestäubungsservice benötigt, sondern früher oder später. Auch Nestlinge von Zugvögeln und die für ihre Ernährung notwendigen Raupen können so zeitlich versetzt auftreten. Der erste Fall ist schlecht für beide Partner. Der zweite schlecht für Zugvögel und gut für Insekten. Sind diese Insekten Ernteschädlinge, tragen auch wir die Last des Klimawandels.

Sessile Lebewesen wie die Feuerkoralle können veränderten Umweltbedingungen nicht so leicht ausweichen. Wird es zu warm oder zu sauer, sterben die Korallen ab.

Die Erde ist jetzt
2,70 Milliarden Jahre alt.

Rana muscosa, eine seltene Froschart aus den kalifornischen Bergen, war vom Aussterben bedroht. Amerikanische Biologen haben ein erfolgreiches Programm zur Zucht und Auswilderung der Amphibien gestartet.

Der Riesenalk (*Alca impennis*) lebte bis 1844 auf den Inseln im nördlichen Atlantik. Wegen ihrer Daunen beliebt und gejagt, geriet die Population schnell unter Druck. Der flugunfähige Seevogel war eine leichte Beute. Die Weibchen legten nur ein Ei pro Jahr, so dass die Jagdverluste nicht natürlich ausgeglichen werden konnten. Als er schließlich so selten war, dass er hätte geschützt werden müssen, wurde der Riesenalk Opfer von Sammlern und Ornithologen: Jeder wollte sich noch schnell ein Exemplar sichern, ehe der Vogel ausgestorben war. Das führte dann tatsächlich zum Verschwinden des „Pinguins der Nordhalbkugel".

Zwangsläufig ist es aber nicht für alle Arten, dass sie bei Klimaveränderungen aussterben. Für manche, die vorher schlechte Lebensbedingungen vorfanden, mögen sich die Bedingungen deutlich verbessern. Aber selbst bei Arten, die insgesamt zu den Verlierern zählen, können einzelne Individuen profitieren. Wenn Populationen genetisch vielfältig sind, ist die Chance groß, dass es in ihnen Genotypen gibt, die mit den neuen klimatischen Bedingungen gut zurechtkommen. Diese „Extremisten" erhöhen die Wahrscheinlichkeit, dass die Art überlebt. Vielfalt – und damit Biodiversität – ist also eine gute Versicherung gegen das Aussterben in einer veränderlichen Welt.

Die Pazifische Auster wurde als (kulinarischer) Ersatz für die durch Überfischung ausgestorbene europäische Auster im 20. Jahrhundert in der Nordsee eingeführt. Aufgrund der relativ niedrigen Wassertemperatur hielten Wissenschaftler es für ausgeschlossen, dass diese aus wärmeren Gewässern stammende Art sich selbständig vermehren könnte. Mit ansteigenden Meerestemperaturen findet die Art aber seit 1991 immer bessere Lebensbedingungen. Sie siedelt nun vorwiegend auf Miesmuschelbänken und zerstört sie. Pazifische Austern nehmen immer mehr zu, auch weil sie natürlichen Räubern wie Austernfischer oder Eiderente zu groß sind und daher nicht gefressen werden.

Durch den Klimawandel und Landnutzung verändern sich auch die Bedingungen in den großen Savannennationalparks in Westafrika. Charismatische Großsäuger wie Elefanten, Löwen oder Flusspferde müssten daraufhin eigentlich abwandern. Außerhalb von Schutzgebieten gibt es aber keine unberührten Naturräume mehr. Mensch-Tier-Konflikte sind die Folge.

Auch beweglich zu sein, und somit in der Lage, aktiv abzuwandern, wenn die (klimatischen) Bedingungen sich ändern, ist ein Vorteil, der das Überleben sichern kann. Das funktioniert aber nur, wenn es auch Platz mit besseren Bedingungen zum Ausweichen gibt – was immer seltener der Fall ist. Verschieben sich etwa Küstenlinien, weil der Meeresspiegel ansteigt, liegen sie meist in Bereichen, die Menschen mit Siedlungen, Verkehrswegen oder zur landwirtschaftlichen Nutzung bereits besetzt haben. Ähnliche Probleme kann Klimawandel in Schutzgebieten hervorrufen. Was, wenn zu schützende Arten oder Ökosysteme durch klimatische Veränderungen innerhalb von Nationalparks keine guten Bedingungen mehr vorfinden, wohl aber außerhalb? In den wenigsten Fällen wird es möglich sein, Schutzgebiete mit sich verändernden Klimazonen zu verschieben. Kommt es durch die Arealverschiebungen von Tieren in Bereiche außerhalb von Schutzgebieten zu Mensch-Tier-Konflikten, ziehen Tierpopulationen den Kürzeren.

Tiere und Pflanzen, die in den Höhenlagen von Gebirgen beheimatet sind, weichen mit steigenden Temperaturen in höhere, kühlere Lagen aus. Irgendwann ist aber die Spitze eines jeden Berges erreicht. Wird es dann weiter wärmer, sterben solche Arten irgendwann aus. Umgekehrt ist manchmal auch zu viel Bewegung das Problem. So führen in vielen kühlen Regionen der Erde steigende Wintertemperaturen dazu, dass Tierarten, die Winterschlaf halten, zu spät einschlafen, früher aufwachen oder nicht durchschlafen. Das alles verschärft ihr Risiko, Beute von Fressfeinden zu werden. Durch längere Aktivitäts- und Wachphasen erhöht sich zudem ihr Energiebedarf. Der müsste durch mehr oder energiereichere Nahrung gedeckt werden, die in ihrem Lebensraum im Winter eben gerade nicht zu finden ist.

Auch Pflanzen beginnen, früher zu blühen und Fruchtkörper anzusetzen. Wenn es dann noch einmal friert, stirbt die neue Frucht ab, was bei Obstbäumen zu empfindlichen Verlusten für die Bauern führen kann.

Die Effekte des Klimawandels auf Biodiversität können direkt und damit leicht erkennbar auftreten. So verwundert es nicht, dass ein steigender Meeresspiegel Küstenökosysteme schädigt oder größere Trockenheit zu Stress bei feuchtigkeitsliebenden Pflanzen führt. Auch die Erkenntnis, dass der Rückgang des Meereseises im Verbreitungsgebiet des Eisbären diesem viel abverlangt, weil die Tiere größere Strecken durch anstrengendes Schwimmen überwinden und daher mehr Energie bei der Jagd aufwenden müssen, ist leicht nachvollziehbar. Es gibt aber auch viel überraschendere Zusammenhänge, und jeden Tag fördern Wissenschaftler neue zutage.

Murmeltiere der Alpen gehören zu den Klimawandelverlierern. Sie gehen später in den Winterschlaf und wachen häufiger auf. Das alles kostet Energie, deren Verbrauch im Winter ein entscheidender Faktor für die Reproduktion oder gar das Überleben im nächsten Frühjahr sein kann.

Teddygift

Koalas sind absolute Nahrungsspezialisten, die sich von nur wenigen Eukalyptusarten ernähren. Durch den höheren CO_2-Gehalt der Luft verändert sich die Chemie der Eukalyptusblätter. Sie werden für Koalas schwer verdaulich. Mangel- und Unterernährung von Koalas sind die Folge. Zudem steigt durch den Klimawandel die Gefahr von Buschfeuern, denen Koalas hilflos ausgeliefert sind. Größere Trockenheit führt auch dazu, dass Koalas schützende Bäume verlassen, um Wasser zu suchen. Bei diesen Ausflügen werden sie leicht zur Beute oder von Autos überfahren.

Für Männer zu warm, für Kinder zu nass

Lederschildkröten sind mit einem Gewicht von bis zu 500 kg die größte lebende Schildkrötenart. Weil bei diesen Reptilien das Geschlecht durch die Temperatur bestimmt wird, unter der das Ei vom umgebenen Sand ausgebrütet wurde, verändert der Klimawandel das Geschlechterverhältnis der Tiere – hin zu mehr Weibchen. Gleichzeitig bedroht der Meeresspiegelanstieg die Brutstrände der Schildkröten. Verändern sich in Zukunft auch noch Meeresströmungen, von denen die Tiere sich treiben lassen, schädigt das Lederschildkröten zusätzlich.

Good Bye Nemo

Clownsfische leben in enger Partnerschaft mit Seeanemonen in Korallenriffen. Dabei sind sie chemisch so getarnt, dass die Seeanemone sie für einen Teil ihrer selbst hält. Das verhindert, von den Anemonen genesselt zu werden. Korallenriffe gehören zu den am stärksten vom Klimawandel bedrohten Ökosystemen. Die durch die größere Menge an CO_2 verursachte Versauerung der Meere führt bei Clownsfischen zudem zu Desorientierung. Sie finden ihre schützende Seeanemone nicht mehr und werden so leichte Beute von Räubern.

EXKURS
Klimawandel und Biodiversität – das Beispiel der Moore

Moore sind Ökosysteme, die natürlicherweise wassergesättigt sind und durch ihre besonderen Lebensbedingungen immer eine ganz eigene Biodiversität beherbergen. Anders als in Sümpfen, die sporadisch trocken fallen und dann Humus bilden, wird Biomasse in Mooren aufgrund des Sauerstoffmangels unter Wasser nur unvollständig abgebaut. Dabei entsteht mit einer Wachstumsrate von ca. 1 mm pro Jahr Torf. Da dieser Prozess so langsam abläuft, können Moore jährlich nur etwa 1 % der weltweiten CO_2-Emissionen speichern. Weil Moore das aber schon seit tausenden von Jahren tun, sind in ihnen dennoch riesige Kohlenstoffmengen gebunden. Obwohl Moore weltweit nur 3 % der Landfläche bedecken, ist in ihnen genau so viel Kohlenstoff gespeichert wie sich im gesamten aktiven Biomassekreislauf befindet.

Seit Jahrhunderten wurden Moore entwässert (wie links in Weißrussland), um landwirtschaftliche Flächen zu gewinnen oder Torf (als Brennmaterial oder Blumenerde) abzubauen. In trockengelegten Mooren verbindet sich Luftsauerstoff mit dem Kohlenstoff im Torf. Dabei werden große Mengen CO_2 und Lachgas frei.

Entwässerte Moore werden nicht nur ihrer typischen Biodiversität beraubt, sondern sind wahre Klimakiller. In Deutschland sind 99 % der Moore entwässert und tragen so mit einem Ausstoß von 32 Millionen Tonnen CO_2 zu etwa 5 % unserer jährlichen Emissionen bei. Damit liegt Deutschland weltweit auf Platz neun der CO_2-Emittenten durch entwässerte Moore. In Zukunft sollen weltweit immer mehr Moore wiedervernässt werden, um diesem Klimaschaden ein Ende zu bereiten und die Biodiversität wieder herzustellen.

Klimawandel ist aber nicht nur Ursache des Verlustes von Biodiversität, sondern auch ein Resultat davon, weil die Zerstörung von komplexen, Kohlenstoff speichernden Ökosystemen wie Wäldern oder Mooren ihn beschleunigt und fördert. Das macht die Sache sehr komplex und sehr brisant.

Wir haben uns gut eingerichtet auf der Welt, wie sie ist, und vergessen darüber, dass sie zu großen Veränderungen imstande ist – auch in klimatische Bereiche hinein, die uns nicht mehr wohnlich erscheinen würden. Zwar leben Menschen im ewigen Eis und in extremen Trockenwüsten, aber egal, ob wir den Nordpol oder die Sahara unser Zuhause nennen: Unsere Fähigkeit, klimatische Schwankungen und Extremwerte auszuhalten, sind beeindruckend, aber eben auch begrenzt. Ohne technische Hilfe geht für die meisten Menschen jenseits der Wohlfühltemperatur relativ wenig.

Für einen Mitteleuropäer wäre das Leben in einer Eis- oder Trockenwüste ein Abenteuer, aber sicher nicht seine Vorstellung vom dauerhaften Glück. Langfristig lebenswert finden die meisten Menschen, nicht nur bei uns, nur eine vielfältige Umgebung. Klimawandel und Übernutzung von Ökosystemen schränken Vielfalt aber zunehmend ein. Ökosysteme reagieren empfindlich auf den Klimawandel und stellen immer weniger Serviceleistungen zur Verfügung. Dazu kommt: Wird es unseren Nutzpflanzen, landwirtschaftlichen Flächen oder Haustieren zu kalt, zu trocken oder zu nass, haben wir das Nachsehen.

Extreme Lebensräume wie Eis- oder Sandwüsten üben auf neugierige Menschen eine große Anziehungskraft aus. Langfristig in ihnen zu leben, ist ohne technische Hilfe oder Unterstützung von außen (also den Import von Ökosystemleistungen) nicht möglich.

Danke für Ihre Hilfe

Ökosystemleistungen und ihre Bedeutung für den Menschen

Der Begriff „Ökosystemleistungen" spiegelt eine anthropozentrische Sicht auf die Natur wider. Er ist Ausdruck dafür, dass Natur unter Verwertungs- und Nutzungsaspekten als „natürliche Ressource" betrachtet wird. Die Anwendung ökonomischer Kriterien auf den Naturraum stößt nicht nur auf Verständnis, weil mit dem Kauf eines Produkts auch das Recht auf seine (alleinige) Nutzung verbunden sein könnte, also letztlich auch die Zerstörung durch Übernutzung. Studien wie das Millenium Ecosystem Assessment von 2005 oder The Economics of Ecossystems and Biodiversity (TEEB) aus dem Jahr 2010 liefern Argumente und Beispiele dafür, den Nutzen, den Natur für Menschen stiftet, monetär, also als Geldwert, auszudrücken. Dadurch kann der Naturverbrauch bei ökonomischen Betrachtungen wie Kosten-Nutzen-Rechnungen leichter berücksichtigt werden. Vor allem die TEEB-Studie hat eine Fülle von Instrumenten zur Bewertung von Ökosystemleistungen hervorgebracht.

Früher hätte man vielleicht gesagt: „Mutter Natur sorgt für uns". Heute spricht man von Ökosystemleistungen. Der Kern der Aussage ist derselbe, die Natur macht uns das Leben nicht nur lebenswerter, sondern durch eine Vielzahl von ihr bereit gestellter Serviceleistungen erst möglich, ohne dass wir dazu selber einen Beitrag leisten müssen.

Wer ein Bier trinkt oder einen Apfel isst, denkt vielleicht nicht sofort an Ökosystemleistungen – das könnte er aber, denn diese guten Dinge bekommen wir, weil Ökosysteme dafür sorgen, dass Böden fruchtbar bleiben, Wasser reguliert und gefiltert wird und Blüten bestäubt werden.

Wie stark wir generell von Ökosystemen und ihren Leistungen abhängen, zeigt die Forschung gerade immer deutlicher. Weil wir immer stärker in die Natur und ihre Prozesse eingreifen, ist es gut zu wissen, ob und was wir mit unseren Handlungen bewirken.

Die Produktion von Lebensmitteln basiert entscheidend auf Ökosystemleistungen. Insekten kümmern sich um die Bestäubung, Mikroorganismen halten die Böden fruchtbar, die wiederum sauberes Wasser zur Verfügung stellen.

Die Erde hat ein Alter von 3,04 Milliarden Jahren erreicht.

Die Akteure

Ein Ökosystem ist eine Gemeinschaft von Lebewesen (Menschen, Tiere, Pflanzen, Mikroorganismen), die mit den unbelebten (abiotischen) Komponenten ihrer Umwelt in vielfältiger Weise über ein Netz von Stoff- und Energieflüssen in Verbindung steht.

Ökosysteme kann man grob unterteilen in solche an Land (Feuchtgebiete, Wälder, Trockengebiete, Siedlungsfläche usw.), in Meere, Binnengewässer und den Übergang von Meer zum Land – die Küsten. Schon diese kurze Liste zeigt, dass die Abgrenzung zwischen Ökosystemen schwierig ist. Wie weit in das Landesinnere (und das Meer) reicht eigentlich eine Küste? Ab wie viel Bäumen ist ein Wald ein Wald? Was ist ein Berg? So merkwürdig es klingt, aber für diese Fragen gibt es keine oder nur unzureichende Antworten.

Ökosysteme sind dynamisch und auch räumlich veränderlich. Ein extremes Beispiel dafür finden wir vor unserer Haustür: Das Wattenmeer verändert sein Gesicht jeden Tag im Verlauf nur weniger Stunden von Ebbe zu Flut.

Störungen traten und treten in allen Ökosystemen auf. Bei solchen Störungen kann es sich um einen umgefallenen Baum, aber auch um Dürren, Stürme, einen Vulkanausbruch oder die Einwanderung einer fremden Art handeln. Auch der Klimawandel hat ganz erhebliche Auswirkungen auf viele Ökosysteme. Sind die Störungen wesentlich, geht ein Ökosystem in einen neuen Zustand über, oder es kehrt in den Ausgangzustand zurück. Ist es schwer, ein Ökosystem zu stören, bezeichnet man es als widerstandsfähig, kehrt ein Ökosystem nach einer Störung schnell in den Ausgangszustand zurück, spricht man von hoher Resilienz.

Die Leistungen

Als Ökosystemleistungen bezeichnet man alle Ressourcen, die Menschen aus der Natur entnehmen und natürliche Prozesse, die wir (direkt oder indirekt) nutzen. Manche dieser Leistungen können durch technische Prozesse ersetzt werden, die dann nicht mehr gratis zur Verfügung stehen, sondern Geld kosten. Das gilt für manche Regulations- und Kulturleistungen. Wasser und Luft können auch technisch gefiltert werden. Die Betrachtung eines Kunstwerks ist ebenso ein ästhetischer Genuss wie der Anblick der Niagarafälle. Für andere Leistungen sind wir unausweichlich auf die Natur angewiesen. Das gilt für Versorgungs- und unterstützende Leistungen.

Was Ökosysteme weltweit leisten, welchen Wert diese Leistungen haben und wie sie langfristig erhalten werden können, beschäftigt immer mehr Wissenschaftler, darunter zunehmend Ökonomen. Ihre Berechnungen zeigen, dass Ökosysteme Werte schaffen, die vermutlich höher sind als das weltweite Bruttosozialprodukt – und das Jahr für Jahr. Weltweit basieren z.B. 35 % der Nahrungsmittelproduktion auf der Bestäubungsleistung von Tieren. Der jährliche Wert dieser Bestäubungsleistungen allein wird auf 150 Milliarden Euro geschätzt.

Damit Ökosysteme lange erfolgreich für uns arbeiten können, muss die Biodiversität der Systeme hoch sein. Man weiß zwar, dass das so ist, warum aber, kann man bis heute nur vermuten.

Ökosysteme bieten

- unterstützende Leistungen wie etwa Photosynthese, bei der mithilfe von Sonnenenergie aus CO_2 und Wasser Sauerstoff und Zucker (also Energie) wird, die Erzeugung fruchtbarer Böden oder die Existenz von Stoffkreisläufen (eine Art permanentes Recycling natürlicher Wertstoffe).
- Versorgungsleistungen wie die Produktion von Nahrung, Frischwasser, Holz und anderen Rohstoffen.
- Regulationsleistungen wie die Regulation des Klimas oder von Krankheiten oder die Aufbereitung von Wasser.
- Kulturleistungen wie Ästhetik, Erholung oder die Möglichkeit, von der Natur zu lernen.

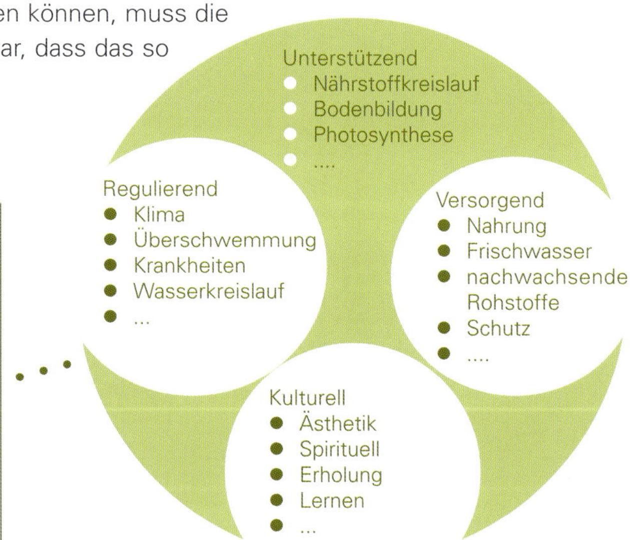

Damit Kaffeebeeren entstehen, müssen Kaffeeblüten durch Insekten bestäubt werden. Ist eine Kaffeeplantage von natürlichen Wäldern mit hoher Biodiversität solcher Insekten umgeben, ist der Kaffeeertrag deutlich höher.

Die Reduzierung der Vielfalt kann kurzfristig die Produktivität eines Ökosystems erhöhen. Riesige Monokulturen, die mit Pflanzenschutzmitteln und Düngern behandelt werden, die nur das gewünschte Getreide wachsen lassen, reduzieren die Artenvielfalt konkurrierender Pflanzen und Bodenorganismen beträchtlich – zur Freude des Ökonomen, der höheren Ertrag verbuchen kann. Diese Strategie ist aber nicht dauerhaft erfolgreich: Durch die Störung der natürlichen Prozesse (z.B. das Abtöten ihrer Konkurrenten und Feinde) werden resistente Krankheitserreger und Parasiten gefördert. Das System ist außerdem anfällig für extreme Witterungsereignisse. Schon ein Sturm oder Starkregen kann die Ernte vernichten, wenn keine bodendeckenden Pflanzen, Büsche oder Hecken mehr vorhanden sind. Der Boden verliert seine Regenerationsfähigkeit. Und die Nebeneffekte der Überdüngung wirken verheerend auf die aquatischen Ökosysteme wie Flüsse, Seen und Meere.

Alle Wissenschaftler sind sich einig, dass die Degradierung von Biodiversität durch menschliche Eingriffe, etwa durch Änderungen der Landnutzung oder den Klimawandel, nicht nur schlecht für Ökosysteme und Biodiversität, sondern letztlich schädlich für uns selber ist.

Champions

Meere sind die Champions der Kohlendioxydspeicherung. Viel CO_2 macht aber das Wasser saurer, wodurch die Kalkskelette kleiner Meerestiere geschädigt werden.

Alle Ökosysteme liefern Serviceleistungen. Manche sind aber wahre Champions in ihrem Bereich. So gehören Savannen durch ihre großen Wildbestände zu den Meistern der Produktivität. Aber auch Meere produzieren durch ihren (eigentlich) riesigen Fischbestand gigantische Nahrungsmengen. Für 2,8 Milliarden Menschen liefert Fisch ein Fünftel ihres jährlichen Proteinbedarfs. Meere spielen zudem eine zentrale Rolle als Klimapuffer. Sie sind riesige CO_2-Senken – in ihnen lagert 50-mal mehr CO_2 als in der Atmosphäre! – und federn Temperaturschwankungen ab. Bis heute nehmen sie einen großen Teil unseres CO_2-Ausstoßes und etwa 80 % der globalen Erwärmung auf. Darüber hinaus sind sie ein beliebter und einfacher Transportweg und natürlich ein wichtiger Erholungsraum für viele Menschen. Weil Meere schier unendlich schienen, waren sie lange Zeit auch eine der wichtigsten Müllkippen. Wälder (vor allem in den Tropen) sind nicht nur die Garanten eines relativ stabilen Klimas auch bei uns, sondern Produzenten einer Vielzahl von medizinisch wirksamen Substanzen. Weltweit hängen ungefähr 1,6 Milliarden Menschen für ihr Überleben direkt von Wäldern ab, und ein bis zwei Milliarden Menschen beziehen ihre gesamte medizinische Versorgung aus Wäldern.

Was ist es (uns) wert?

Spätestens wenn Ökosysteme Gefahr laufen, übernutzt und zerstört zu werden und ihre Leistungen nicht mehr zur Verfügung stehen, werden wir uns fragen, was es uns wert ist, sie zu erhalten. Wenn wir einen Markt für Ökosystemleistungen einführen wollten, müssten wir auch wissen, wie wir welche Werte berechnen und wen wir dann mit welchen Argumenten zur Kasse bitten könnten.

Eine Wertekategorie ist der Nutzwert. Der ist einfach zu ermitteln, weil er der bekannten Regel von Angebot und Nachfrage folgt. Holz oder Meeresfisch sind danach genau so viel wert, wie jemand dafür zu zahlen bereit ist. Schwieriger wird es bei der Berechnung des indirekten Nutzens. Wie viel ist der Küstenschutz von Mangroven wert? Aber auch das kann man ausrechnen, wenn man kalkuliert, wie viel es kosten würde, Küsten statt durch Mangroven durch technische Schutzmaßnahmen zu sichern, für die man Preise einfach abfragen kann.

Wirklich kompliziert ist die Berechnung eines möglichen zukünftigen Wertes von Natur (dem Optionswert). Wenn wir heute einen Tropenwald schützen, in dem später vielleicht eine wichtige pharmazeutisch wirksame Substanz gefunden wird, wie viel ist der Wald dann jetzt wert? Um das zu klären, müssen wir überlegen, wie wahrscheinlich dieser Fall eintritt, wie viel solche Wirkstoffe im Mittel wert sind und wie sich der Medikamentenpreis entwickeln wird. Wie viel ist es uns wert, etwas zu schützen, dessen Wert wir heute nicht ermessen, dessen Verlust wir aber bereuen könnten? Gemein ist allen diesen beschriebenen Werten, dass Geld dafür ausgegeben wird, dass die Natur uns auf die eine oder andere Weise nützt. Es gibt aber auch andere Werte, wie den altruistischen Wert, Natur für spätere Generationen zu sichern, oder einfach den, Zufriedenheit daraus zu beziehen, dass Natur existiert. Spätestens hier wird die Berechnung höchst kompliziert oder gar unmöglich.

Solche Berechnungen werden dadurch schwierig, dass man etwas eigentlich Unschätzbares schätzen soll. Die Weltgesundheitsorganisation WHO nimmt an, dass 25 bis 30 % aller Krankenhausaufenthalte weltweit durch verseuchtes Trinkwasser verursacht werden; global lassen sich 60 % der Kindersterblichkeit darauf zurückführen, und selbst in Europa sterben 1,8 Millionen Menschen jährlich an den Folgen von Umweltverschmutzung. Viele dieser Krankheiten und Sterbefälle würden intakte Ökosysteme verhindern. Ihre Zerstörung schafft manchmal auch Werte, zumindest kurzfristig und meist nur für einige wenige. Diese Gewinne sind, anders als der Wert von Ökosystemleistungen, einem „Gewinner“ klar zuzuordnen, während der Wert von Ökosystemleistungen sich eher diffus über alle Menschen und alle Zukunft verteilt.

Was ist uns eine Biene wert? Der Wert einer Biene ist kaum messbar. Die Leistungen natürlicher Bestäuber insgesamt, zu denen neben den domestizierten Honigbienen auch Wildbienen und zahlreiche andere Insekten, aber auch Vögel und Säugetiere gehören, wurde von Wissenschaftlern auf einen Wert von ca. 150 Milliarden Euro im Jahr berechnet.

Manchmal klappt's nicht ...

Mangroven liefern eine Reihe von Ökosystemleistungen: Küstenschutz, Windschutz, Sedimentregulation, Rückhalt von Nährstoffen, Filtern von Wasser, Einspeisung von Grundwasser, Lebensraum für verkäufliche Meeresfrüchte und die Lieferung pharmazeutischer Produkte. Keine dieser Leistungen ist einem Besitzer klar zuzuordnen oder direkt zu Geld zu machen, anders als der Holzeinschlag, mit dem man derzeit rund 70 Euro pro Hektar verdient, oder das Anlegen einer Garnelenfarm. Weil für den Erhalt von Mangroven niemand bezahlt (und für die Kosten der Zerstörung, z.B. nach einem Hochwasser, jeder selber aufkommen muss), wurden bis heute ungefähr 50 % aller Mangroven weltweit zerstört. Für den technischen Ersatz der Leistungen von Mangroven müssten ca. 2.800 Euro pro Hektar aufgewandt werden. Im Interesse der Allgemeinheit wäre also der Schutz von Mangroven, aber die Schwierigkeit, ihre Küstenschutzfunktion politisch in Wert zu setzen, verhindert ihren Erhalt.

Fehlende In-Wert-Setzung von Mangroven (oben) fördert ihre Zerstörung. Die Stadt New York (unten) hat durch den Schutz der Natur bares Geld gespart und die Trinkwasserversorgung langfristig gesichert.

... und manchmal klappt's

Die Stadt New York stellte eines Tages fest, dass ihr Trinkwasser nicht mehr den Qualitätsstandards entsprach. Der Grund waren Eingriffe wie Bebauung und Schadstoffeintrag in das Catskill Mountains-Wassereinzugsgebiet. Dessen Ökosystemleistung, die Aufbereitung von Trinkwasser, war dadurch nicht mehr gewährleistet. In New York wurden daraufhin zwei Lösungsmöglich keiten durchgespielt:

- **a)** eine technische Lösung
- **b)** der Schutz des Wassereinzugsgebiets

Lösung a) hätte Kosten von 4,5 bis 6 Milliarden Euro für eine Wasserfilteranlage plus jährliche Unterhaltskosten von 225 Millionen Euro verursacht. Die Stadtverwaltung entschied sich für Lösung b), die mit Kosten in Höhe von „nur" 0,75 bis 1,1 Milliarden Euro für den Kauf und dauerhaften Schutz des Ökosystems zu Buche schlug.

So oder so, die Zerstörung von Ökosystemen und ihren Leistungen wird ziemlich teuer. Indirekt kann man das an den weltweiten Schäden durch Naturkatastrophen ablesen, von denen viele (wie Überschwemmungen und Erdrutsche, aber auch Dürren und Extremwetterereignisse) durch Menschen verursacht sind. Allein zwischen 2010 und 2011 stiegen die weltweiten Schäden von 130 auf 200 Milliarden Euro.

Der Wert eines Blaukehlchens. Schon 1987 versuchte sich der Biochemiker und Autor Frederic Vester an der ökonomischen Bewertung einer Naturkomponente und berechnete den Wert des Blaukehlchens. Er kam zu folgendem Ergebnis: Der Materialwert des Vogels, also der Wert von Fleisch, Federn und Knochen, lag seiner Kalkulation zufolge bei ca. 1,5 Cent. Seine Berechnung der indirekten Werte eines Blaukehlchens, zu denen er den Nutzen als Schädlingsbekämpfer, Samenausbreiter, Bioindikator und Quelle ästhetischer Erbauung rechnete, ergaben einen Wert von ungefähr 154 Euro.

Nicht mein Problem

Wir Europäer sind die Meister des Umweltschutzes. Keiner trennt so schön den Müll, immer machen wir das Licht aus, nie würden wir Müll in unseren Wald schmeißen. Aber auch über das, was andere tun und welche Effekte das hat, sind wir gut informiert. Wir wissen, dass durch Regenwaldzerstörung charismatische Tiere wie Gorillas, Orang-Utans oder Schimpansen aussterben. Wir kennen den Zusammenhang zwischen CO_2-Ausstoß und Klimawandel. Niemand erzählt uns etwas Neues, wenn in den Nachrichten zur Sprache kommt, dass Extremwetterereignisse zunehmen und Menschen in aller Welt durch Überschwemmungen, Erdrutsche oder Stürme nicht nur Hab und Gut, sondern oft auch ihr Leben verlieren.

Obwohl das Umweltbewusstsein gerade in Deutschland stark ausgebildet ist, handeln wir oft wider besseres Wissen. Diese kognitive Dissonanz, also ein nicht zum Wissen passendes Handeln, beschäftigt Soziologen und Naturwissenschaftler. Die fragen sich dann, warum manche Lungenärzte stark rauchen oder Naturschützer Fisch von bedrohten Arten essen.

Die Hürde ist nicht Unwissenheit – die Hürde ist, den Schritt vom Wissen zum Handeln zu gehen. In unserem Gehirn können wir zwischen Wissen und Handeln offensichtlich sehr einfach eine schier unüberwindbare Mauer errichten. Das geht auch retrospektiv: Menschen erinnern sich schon kurz nach einer Missetat gar nicht mehr, welches Ausmaß diese hatte. Man belügt also nicht zwangsläufig die Polizei, wenn man behauptet, man sei nur knapp über der erlaubten Geschwindigkeit unterwegs gewesen, wenn man tatsächlich fast doppelt so schnell war. Wir glauben das in diesem Moment wirklich selber.

Fettes Essen macht dick. Das wissen auch Menschen, die abnehmen wollen. Auch hier trennt man dann zwischen Wissen und Handeln.

Ich? Nicht!

Eine weitere Ursache, warum wir die Herausforderungen einer nachhaltigen Entwicklung nur schleppend annehmen, ist möglicherweise eine mangelnde persönliche Betroffenheit. Klimawandel und Biodiversitätsverlust geschehen langsam und unbemerkt. Sichtbar werden sie vorerst nur „ganz weit weg". Nur ein Industrieland, Australien, scheint schon heute stark betroffen zu sein. Die gravierendsten Folgen durch Klimawandel und Biodiversitätsverlust betreffen bislang Menschen in Entwicklungsländern, auch weil die Ökosysteme oft durch Landnutzungsänderungen zusätzlich destabilisiert sind.

Entwicklungsländer sind aus drei Gründen besonders gefährdet durch den Klimawandel.

Die meisten Menschen leben hier von Subsistenzwirtschaft oder anderen Formen der Landwirtschaft. Landwirtschaft ist aber besonders vom Klimawandel betroffen.

Entwicklungsländer sind ökonomisch nicht in der Lage, teure Anpassungsstrategien zu finanzieren und umzusetzen. Reiche Länder erhöhen bei Flut- oder Erdrutschgefahr z.B. ihre Dämme. Hierfür haben ärmere Länder kein Geld.

Klimawandel wirkt sich besonders in den Tropen und Subtropen aus, weil hier die Ökosysteme durch Landnutzung bereits geschwächt sind.

Dass der unfühlbare Wandel uns nicht tagtäglich beeinträchtigt, macht es uns leicht, ihn im Alltag zu ignorieren und eine mögliche Verantwortung für ihn abzulehnen. Wir machen uns dann gerne klein und halten unseren Beitrag für verschwindend gering. Mal mit dem Auto schnell zum Bäcker fahren, schädigt ja wohl das Klima nicht, und keine Haisteaks essen, rettet nicht das Meer. Stimmt beides, aber die Menge macht's – und wenn viele Menschen immer nur ein bisschen „machen", gibt es große Effekte. Die aber sind in beide Richtungen denkbar!

Menschen in Entwicklungsländern wie diese Massaifrau in Kenia leiden besonders unter den Effekten des Klimawandels. Dabei tragen sie verhältnismäßig wenig dazu bei.

Pfadtreue

Ein weiterer Grund für die Trägheit von Veränderungsprozessen ist das zutiefst menschliche Beharrungsvermögen. „Das haben wir schon immer so gemacht!", ist nicht nur eine deutsche Redensart, sondern eine charakteristische Lebenseinstellung des *Homo sapiens*.

Das Festhalten an bekannten Prozessen, an einmal getroffenen Entscheidungen, letztlich am Althergebrachten, nennt man Pfadtreue oder Pfadabhängigkeit. Offenbar ist das Bedürfnis nach Sicherheit, das sich aus dem Bekannten, dem Wiederholbaren speist, größer als die Bereitschaft, zum richtigen Zeitpunkt flexibel auf veränderte Bedingungen zu reagieren.

Unsere Produktionsmethoden, unsere Energieerzeugung, unser Konzept von Mobilität – um nur einige Bereiche zu nennen – basieren auf Entscheidungen, die unter den Bedingungen der ersten Hälfte des 20. Jahrhunderts getroffen wurden. Damals waren Energie- oder Ressourcenkrisen kaum denkbar, Umweltschutz existierte nicht, die Welt schien grenzenlos. Obwohl wir inzwischen wissen, dass das nicht so ist, denken wir immer noch lieber über die Optimierung von bestehenden Prozessen und Systemen nach, als die dahinter stehenden Entscheidungen zu hinterfragen.

Allerdings gibt es auch Hoffnung, weil das System wohl so funktioniert: Einer üblichen Handlungsweise folgen die meisten Mitglieder der Gesellschaft oder ein großer Teil von ihr. Es gibt aber auch Vordenker, Abenteurer, Entdecker und Forscher, die Neues ausprobieren. Neudeutsch und im Unternehmenskontext nennt man sie „First Mover". Neuerungen steht die Mehrheit zunächst skeptisch gegenüber. Wenn andere Teilnehmer des „Spiels" aber sehen, dass die First Mover Erfolg haben, machen sie mit. Sie werden „Follower". Wenn erst einmal genug Menschen, Firmen oder Staaten bei der Veränderung mitmachen, gibt es ein neues Paradigma, ein neues „Normal", dem sich dann (fast) alle verschreiben, bis es neue Innovationskünstler gibt, die Entwicklungen vorantreiben.

Vordenker oder Trendsetter schwimmen zunächst gegen den Strom. Der Schwarm kehrt dann aber oft um und folgt dem „First Mover".

Die Erde ist jetzt 3,46 Milliarden Jahre alt.

Referenzrahmen

Wir bewerten die Welt um uns nicht ständig neu. Stattdessen legen wir einen Referenzrahmen an, durch den unsere Wertvorstellungen und die Sicht der normalen Welt begrenzt werden. Damit wir uns nicht verrückt machen, verstehen wir uns alle auf die Kunst des Verschiebens dieses Referenzrahmens oder der Basislinie unserer Bewertungen. Bevor wir eine neue Sicht der Welt wagen, hängen wir den Rahmen lieber um, verschieben die Basis und behaupten, es hätte sich nichts verändert. Alles sei wie immer und damit im grünen Bereich. Dieses Phänomen der „Shifting Baselines“ beruhigt die Nerven, ist aber einem vernünftigen Handeln gar nicht förderlich.

„A fact is a fact, but perception is reality.“ *Albert Einstein*

Verstanden haben Wissenschaftler dieses Verschiebungsphänomen bei der Befragung von drei Generationen von Fischern im Golf von Mexiko. Die Fischer sollten sagen, wie viele Arten von Fischen sie fangen, wie groß der größte Fisch war, den sie je gefangen hatten, und wie lange sie brauchten, um ihre Netze zu füllen. Am Ende wurden die Fischer auch noch gefragt, ob Fische in ihren Fanggründen wohl bedroht seien.

- Die Großväter antworteten: sooo groß. Ich musste nur wenige Stunden rausfahren, es gab mindestens 30 Fischarten.
- Die Väter antworteten: soo groß. Ich musste den ganzen Tag rausfahren. Es gab vielleicht 15 Fischarten.
- Die Söhne antwortet: so groß. Ich bin den ganzen Tag unterwegs und fange trotzdem oft nicht genug von den fünf Arten, die es gibt.

Betrachtet man die Umfrageergebnisse, käme man als Außenstehender wohl zu der Erkenntnis, dass die Fischbestände abgenommen haben und Fischarten bedroht oder teilweise ausgestorben sind. Interessanterweise war das aber nicht der Schluss, den alle befragten Fischer zogen: Nur die Großväter und Väter waren der

Und jetzt gibt es die Erde schon seit 3,5 Milliarden Jahren.

Meinung, dass der Zustand ihrer Fischbestände schlecht sei. Die Söhne hatten die Fischerei erst aufgenommen, als die Fanggründe bereits geleert waren. Weil sich danach aber kaum noch etwas verändert hatte, waren sie der Meinung, dass die Fischbestände nicht kleiner geworden und Fische nicht bedroht seien. Ihr Referenzrahmen war einfach entsprechend verschoben. „Normal" hatte sich geändert und hieß nun: „Wenig Fische, viel Arbeit".

Diese Fähigkeit, Erfahrungen nicht im Hinblick auf den natürlichen, ursprünglichen oder Normalzustand, sondern gegen einen eigenen Referenzpunkt zu bewerten, ist ein Merkmal unserer Flexibilität und evolutiv auch ein Teil des Geheimnisses unseres Erfolges. So wie die Fischer passen wir unser Bild der Welt an das an, was wir täglich vorfinden, und machen diesen Zustand zur Normalität.

Dabei wird der Referenzpunkt nicht willkürlich gewählt. Nach Meinung von Psychologen bildet er sich etwa in der Pubertät. Die Welt um uns, wie wir sie da vorfinden, ist unser Normalzustand. Gibt es in dieser Periode keine Bären im deutschen Wald, keine 100 Störche auf dem Kirchendach oder Weihnachten 15°C, werden wir das von nun an für normal halten.

Wir halten es nicht für eine Katastrophe, dass man aus keinem großen Fluss in Europa direkt trinken kann, oder dass viele Tiere nur noch in Schutzgebieten überleben können. Das alles war schon so, als wir junge Erwachsene waren. In Deutschland hat sich vermutlich jeder Mensch unter 50 Jahren daran gewöhnt, dass gesunde Lebensmittel vom Bauernhof im Dorf nur noch Kinderbuchromantik ist. Wer noch jünger ist, der gewöhnt sich gerade daran, dass Schäden an Ökosystemen und ein sich rasch wandelndes Klima normal sind. Das macht verändertes Handeln in Gesellschaften wirklich schwer.

Unberührte Flüsse wie hier in Island gibt es in Mitteleuropa nicht mehr. Daran haben wir uns gewöhnt und halten diesen Zustand der Umwelt für normal.

Die Anderen

Wenn schon unbedingt was geändert werden soll, möchten wir, dass uns diese Last jemand abnimmt oder voran geht. Die anderen sollen erst mal weniger verschwenderisch sein, sich ökologischer verhalten oder gar verzichten. Wir machen dann später mit. Die meisten Menschen sind ganz einfach lieber Follower als First Mover.

Diese Strategie verfolgen nicht nur Einzelpersonen, sondern auch Staaten, etwa wenn es darum geht, Biodiversität zu schützen oder strenge Regeln für den Klimaschutz zu erlassen. Es scheint einfacher, weiter zu wirtschaften wie bisher, als das eigene Leben oder gar die Regeln der Gesellschaft oder der Staatengemeinschaft zu verändern.

Dabei ist Vorreiter sein oft ein Vorteil. Wer voran geht, kann ausprobieren, solange es noch Alternativen gibt, kann probieren, was funktioniert und was nicht. Meistens ist es auch ökonomischer, Handlungsweisen zu ändern, bevor sich Regeln ändern, deren Nichteinhalten dann bestraft wird.

Jeder von uns ist einer von mehr als sieben Milliarden Menschen. Kaum mehr als ein Krümel in einem Meer aus Sand. Weil daraus folgt, dass die ANDEREN so viele mehr sind, halten wir es für gerecht, dass diese ANDEREN zuerst handeln.

Dabei kann auch ein Einzelner viel bewegen. So wie Henry Ford (oben), der die industrielle Fertigung von Autos perfektionierte.

Wir befinden uns hier.

Nur noch 1,01 Milliarden Jahre bis heute.

Das Neoproterozoikum beginnt. Es wird 458 Millionen Jahre dauern, etwa 11 Buchseiten.

Die Welt ... und wir?

Forschen, verstehen, handeln. Zukunft im Anthropozän

Wir waren den Kräften der Natur lange genauso ausgesetzt wie jede andere Art auf unserer Erde. Mehr als einmal wären wir fast ausgestorben. Unsere Vorfahren haben immer besser gelernt, sich die Welt untertan zu machen. Wir haben grüne Höllen bekämpft, (fast) die Pest besiegt, Land urbar gemacht und Tier- und Pflanzenarten domestiziert und gezüchtet. Wir überfischen aber auch Meere, zerstören Wälder und rotten Arten aus. Jetzt kommt die größte Herausforderung auf uns zu: Die Welt von morgen mit und für uns zu gestalten.

Diese Zukunftsvisionen für das Jahr 2000 stammen vom Ende des 19. Jahrhunderts mit Vorstellungen, über die wir heute schmunzeln. Das gilt sicher auch morgen für unsere detaillierten Vorhersagen der Zukunft.

Wer einen alten Science Fiction-Film schaut, sieht, dass wir uns die Zukunft und ihre technischen Entwicklungen und Möglichkeiten nur sehr wenig realistisch vorstellen können. Das galt 1902 bei Georges Méliès' „Die Reise zum Mond", der als erster Science Fiction-Film gilt, und stimmt wohl auch heute, wenn wir über die Zukunft der Technik in unserem Alltagsleben nachdenken. In alten Filmen gibt es kein Smartphone, mit dem man SMS verschickt, sondern eine Armbanduhr, aus der ein kleiner Papierstreifen, mit Nadeldruckertechnik beschrieben, im Telegrammstil Kurznachrichten versendet. Wenn wir die Zukunft so schlecht voraussehen können, kann dann nicht alles auch sehr gut ausgehen? Werden Wissenschaftlern, Vordenkern und Machern nicht auf jeden Fall Lösungen für alle Probleme des Verlustes von Biodiversität und dem voranschreitenden Klimawandel einfallen?

Die Geschichte der Menschheit zeigt, dass wir uns in der Regel reaktiv an neue Realitäten, nicht aber an künftige Szenarien anpassen. Das heißt, wir machen erst dann etwas anders, wenn wir selber von Veränderungen betroffen sind, nicht aber schon dann, wenn man uns plausibel darlegt, welche zukünftigen Entwicklungen eintreffen können. Menschen hören auf zu rauchen, wenn sie krank sind. Sie hören nicht auf, wenn sie in den Medien lesen, hören oder sehen, dass Rauchen ungesund ist, egal wie erdrückend die Beweislast ist.

Wenn wir nichts tun – also Business as usual betreiben – wird es zuerst Menschen in Entwicklungsländern und bedrohten Arten und Ökosystemen schlechter gehen. Schon jetzt, und in absehbarer Zeit immer stärker, wird auch unser Leben zunehmend negativ von den Effekten des Klimawandels und des Verlustes von Biodiversität betroffen sein. Dabei steigen die Kosten umso stärker, je länger wir warten. Die beste Option wäre nach Ansicht von Experten, jetzt aktiv zu werden. Dann kostet uns der Einsatz gegen den Klimawandel nur etwa 1 % des weltweiten Bruttosozialprodukts – gegenüber bis zu 20 % des BSP, wenn wir nichts tun.

Wer zahlt? Schäden durch Klimawandel und Biodiversitätsverlust zahlen wir alle, nämlich über höhere Versicherungsbeiträge, ansteigende Preise für Obst und Gemüse oder auch höhere Krankenkassenbeiträge. Wenn einzelne nicht zur Kasse gebeten werden können, zahlt der Staat und damit auch wieder wir.

Klimaschäden. Versicherungen berechnen jährlich die wirtschaftlichen Schäden durch Naturkatastrophen. Viele dieser Schäden haben mit Natur wenig, mit dem Eingreifen des Menschen in natürliche Systeme – wie Klima- oder Ökosysteme – aber eine Menge zu tun. Im Jahr 2003 betrugen die weltweiten Schäden nach diesen Schätzungen etwa 60 Milliarden Euro. Wissenschaftler vermuteten damals, dass ein Nichthandeln beim Klimawandel diese Kosten bis zum Jahr 2050 auf das 10-fache, also 600 Milliarden Euro, ansteigen lassen könnte. Weil die Schäden bereits im Jahr 2011 mit 300 Milliarden Euro das 5-fache erreichten, waren diese Prognosen wohl zu optimistisch.

Die Situation beim Verlust von Biodiversität und Ökosystemen ist ähnlich. Auch derlei Verluste kosten bares Geld: Die ungebremste Beeinträchtigung von Biodiversität und Ökosystemleistungen verursacht bis 2050 geschätzte Einbußen des globalen Bruttosozialproduktes von 7 % oder 1,1 bis 2,6 Billionen Euro jährlich. Biodiversität weltweit zu schützen und zu erhalten, würde dagegen nur ungefähr 44 Milliarden Euro pro Jahr kosten.

Dazu kommen soziale Effekte, die ein Nichthandeln verursachen könnte. Menschen, die ihre Heimat oder Lebensgrundlage durch Klimawandel und Biodiversitätsverlust verloren haben, werden reagieren. Manche werden abwandern – aber wohin? Andere könnten aggressiv werden und sich nehmen, was sie nicht haben – aber von wem?

Wie man es dreht und wendet: Die Kosten des Handelns sind immer wesentlich geringer als die Kosten des Nichthandelns.

Haben wir das Geld? Der Klimawandel und Biodiversitätsverlust kosten schon heute weit über 44 Milliarden Euro pro Jahr. Für ein effizientes Management aller Schutzgebiete weltweit, die einen großen Beitrag zur Stabilisierung von Klima und Ökosystemen leisten, wären wesentlich geringere Finanzmittel aufzuwenden (geschätzte 22,5 Milliarden Euro pro Jahr). Das ist etwa 11,5-mal so viel wie die Ausgaben für Tiernahrung in Deutschland im Jahr 2010.

Und wieder ein runder Geburtstag:
Jetzt ist die Erde 4 Milliarden Jahre alt!

Blick nach vorn

Interview mit Prof. Dr. Katrin Böhning-Gaese, Expertin für Biodiversität und Landnutzungsänderung BiK-F

Welche Forschungsfrage auf Ihrem Arbeitsgebiet würde uns bei den drängendsten Problemen am weitesten voran bringen?
Wir müssen wissen, wie Landnutzungsänderung, die Übernutzung von einzelnen Organismen und Klimawandel auf Biodiversität wirken und welche Folgen diese Kombination für die Ökosystemfunktionen hat. Dazu gehört auch die Frage, welche Folgen unsere Eingriffe auf den Menschen haben, und wie man so gegensteuern kann, dass die Nutzung nachhaltig ist und Biodiversität geschützt wird.

Das Zusammenwirken, die Wechselwirkung von Biodiversität, Ökosystemleistungen und Mensch ist noch nicht richtig verstanden.

Welche wissenschaftliche Leistung war Ihrer Meinung nach bahnbrechend in Ihrem Forschungsgebiet?
Zum einen methodische Weiterentwicklungen, wie die Modellierung von Verbreitungsgebieten und Häufigkeiten von Arten, die Fernerkundung via Satellit oder die Entwicklung von GPS Sendern für wandernde Tierarten. Aber auch inhaltliche Weiterentwicklungen: Wir arbeiten interdisziplinär. Der Mensch beeinflusst das Ökosystem, indem er ihm Leistungen entzieht, und diese Änderungen wirken auf den Menschen zurück. Der rein sozialwissenschaftliche Ansatz und der rein naturwissenschaftliche Ansatz der Untersuchung sind gleichermaßen limitiert.

Wird es einen Paradigmenwechsel geben?
Das ist natürlich schwer vorherzusagen. Nicht-nachhaltige Landnutzung führt zu Armut und politischer Instabilität bis hin zu militärischen Konflikten. Es ist noch nicht überall angekommen, dass der Schutz von Biodiversität mehr ist als ein romantisches Ideal.

Man kann die Natur nicht vom Menschen trennen. Biodiversität ist die Grundlage von allem.

Wir müssen mit Steuermechanismen dem guten Willen auf die Sprünge helfen.

Wir hören oft als Argument, dass Menschen glauben, Einzelpersonen könnten nichts bewirken – warum sollten wir dann also unser Verhalten ändern?
Das stimmt so nicht, natürlich hat jeder Einzelne Einfluss. In den USA gibt es zum Beispiel die Kampagne „Meatless Monday". Wenn nur ein Zehntel der Menschen mitmacht, hat das bereits einen erheblichen Effekt auf den Fleischkonsum und das Klima. Es macht durchaus was aus, was der Einzelne tut.

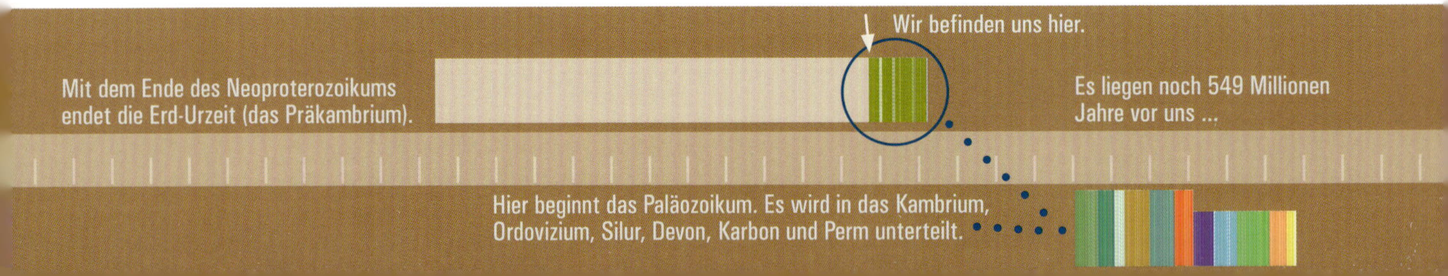

Interview mit Prof. Dr. Thomas Hickler, Experte für Klimamodellierung, BiK-F

Welche Forschungsfrage auf Ihrem Arbeitsgebiet würde uns bei den drängendsten Problemen am weitesten voran bringen?

Aus meiner Sicht ist die größte Frage immer noch, wie sehr sich das Klima verändern wird.

Natürlich kann man dabei nur von Wahrscheinlichkeiten sprechen, aber im Moment ist die Spannbreite für ein bestimmtes Niveau Treibhausgasemissionen immer noch erheblich. Zu dieser Unsicherheit tragen viele Prozesse im Klimasystem bei, z.B. wie Partikel (Aerosole) die Eigenschaften von Wolken beeinflussen, und ob die terrestrische Biosphäre auch in Zukunft einen Teil unserer CO_2-Emissionen aufnehmen oder sogar Kohlenstoff abgeben wird. So lange wir nicht die Folgen unseres Handelns besser kennen, ist es auch schwer, den nötigen Umbau unserer Gesellschaft politisch durchzusetzen.

Welche wissenschaftliche Leistung der Vergangenheit war Ihrer Meinung nach bahnbrechend in Ihrem Forschungsgebiet?

Die Entwicklung von dynamischen globalen Vegetationsmodellen in den letzten zwei Jahrzehnten. Diese Modelle ermöglichen es, die Folgen des Klimawandels auf die Vegetation heute und in der Zukunft zu simulieren. Mit solchen Modellen kann man auch die Rolle von Landökosystemen im Klimasystem quantifizieren, z.B., ob Ökosysteme global Kohlenstoff aufnehmen oder abgeben.

Was kann jeder Einzelne tun, um Herausforderungen bei Klima, Leben, Zukunft meistern zu helfen? Oder ist eigentlich nur die Politik gefragt?

Natürlich muss die Politik die Rahmenbedingungen für unsere Wirtschaft ändern, z.B. durch die Verminderung von Subventionen von fossilen Brennstoffen. Grundlegende Veränderungen können jedoch nur durchgesetzt werden, wenn es dafür in der Gesellschaft starken Rückhalt gibt, d.h. man braucht „top-down" und „bottom up". Vom Einzellnen würde ich mir vor allem wünschen, den Mut zu haben, eine andere Zukunft „zu denken".

„Weiter so" ist keine Alternative! Jeder muss seine Art zu leben hinterfragen und bereit sein, Gewohnheiten zu ändern und Neues zu probieren.

Was man dann genau umsetzt, hängt von der individuellen Lebenssituation ab. Jeder muss bereit sein, Opfer zu bringen, aber wir müssen auch daran glauben, dass ein nachhaltigeres Leben insgesamt lebenswerter sein kann. So bedeutet z.B. weniger Automobilverkehr in Städten auch sauberere Luft, weniger Verkehrstote, weniger Lärm und mehr Raum für Menschen.

Mit der kambrischen Explosion entstehen „plötzlich" zahlreiche vielzellige Organismen und fast alle heute bekannten Baupläne.

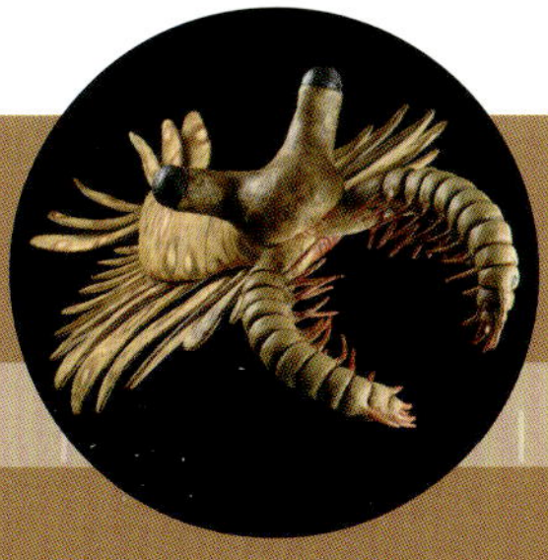

... und 4,09 Milliarden Jahre liegen hinter uns.

Das Kambrium endet schon wieder.

Welt retten!

Welt retten? Eigentlich hat unsere Welt das gar nicht nötig. Es gab sie lange vor dem Menschen, und es wird sie lange nach seinem Aussterben oder seiner Evolution in andere Arten geben. Die Welt hat keinen Masterplan, nach dem sie funktioniert. Sie ist, wie sie ist, mit dramatischen Veränderungen nur aus Sicht derer, die sich auf ihr zu einem bestimmten Zeitpunkt und bei bestimmten äußeren Bedingungen eingerichtet haben. Solche „Weltgäste" können Veränderungen immer nur in gewissen Grenzen tolerieren. Diese Grenzen existieren also auch für uns und sind im Hinblick auf abiotische (unbelebte) Faktoren wie Temperatur, Gaszusammensetzung der Atmosphäre oder Strahlung recht eng gesetzt. Die biotischen (belebten) Faktoren werden bestimmt durch das Leben um uns. Auch von ihnen sind wir abhängig und dabei immer auf die Leistungen von Ökosystemen angewiesen.

Schematischer Populationsverlauf bis zum Überschreiten der Tragfähigkeitsgrenzen eines geschlossenen Systems. Ein solches System kann eine Hefekultur im Reagenzglas sein. Sie wird solange wachsen, bis die Ressourcen aufgebraucht sind, und dann zusammenbrechen. Auch unsere Erde ist weitgehend ein geschlossenes System. Nur Sonnenenergie wird von außen zugeführt.

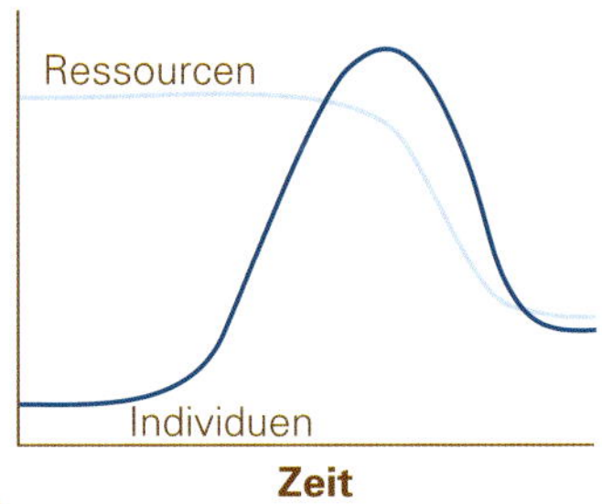

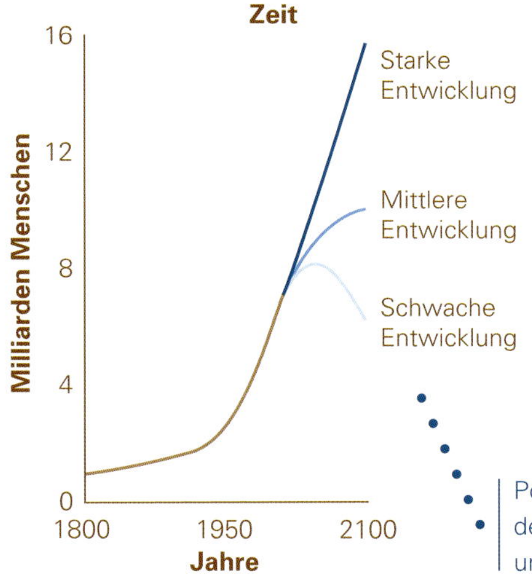

Populationsentwicklung des Menschen bis 2010 und mögliche Szenarien.

Korallen, Seesterne und Seeigel entstehen. Riesige Kopffüßler (Verwandte heute lebender Kraken und Tintenfische) mit Gehäusen von über zehn Meter Länge sind die größten Raubtiere dieser Zeit.

Die Erde ist jetzt 4,14 Milliarden Jahre alt.

Hier beginnt das Ordovizium.

Landpflanzen reduzieren die Menge atmosphärischen Sauerstoffs signifikant. In der Folge kühlte die Erde sich um etwa 5°C ab. Ein massenhaftes Aussterben war die Folge.

In Zeiträumen von Millionen oder gar Milliarden Jahren brauchen wir nicht zu planen. Die Welt „ruckelt" sich immer zurecht. Zeitliche Dimensionen über mehr als einige Menschenleben hinaus sind für uns schwer zu erfassen und scheinbar ganz sicher ohne Relevanz für unsere alltäglichen Entscheidungen. Wenn es um die Welt an sich – also unsere Erde – geht, können wir uns beruhigt zurücklehnen – und gar nichts tun. Sie kümmert Eingriffe des Menschen einfach nicht. Ihr ist jeder Zustand recht. Wenn wir aber an uns denken, an das, was wir brauchen und uns nehmen, dann sollten wir vielleicht doch noch einmal überlegen, ob wir mit Klima und Leben im Moment so umgehen, dass die Welt für möglichst viele Menschen in Zukunft ein guter Ort bleibt oder auch erst wird.

Bevor es nun lange Gesichter gibt: Dieses „Welt retten!" wird Spaß machen. Es gibt jede Menge Chancen, ein Held oder eine Heldin zu werden, die tollsten und innovativsten Technologien zu nutzen, gemeinsame Sache mit den Guten zu machen, Erfolge zu feiern, Geld zu sparen, reich oder noch besser: sogar glücklich zu werden. Und das geht so:

Verschwendung stoppen

Die reichsten und am höchsten entwickelten Länder der Erde sind auch die, die den größten ökologischen Fußabdruck haben, sie sind aber nicht die Heimat der glücklichsten Menschen. Verschwendung (die den ökologischen Fußabdruck ja vergrößert) macht also nicht glücklich.

USA, Indien, Deutschland und Russland haben das größte Bruttosozialprodukt der aufgelisteten Länder. Die USA und Deutschland gehören nach Ansicht der UN auch zu den am weitesten entwickelten Ländern. Die USA erreichen das durch einen der größten ökologischen Fußabdrücke. Am besten fühlen sich aber die Bürger Costa Ricas. Geld allein macht also offensichtlich nicht glücklich.

	RANG			
LAND	**Brutto-sozial-produkt**	**Entwicklungs-grad**	**Fuß-abdruck**	**Happiness Index**
USA	1	4	6	101
Indien	3	119	144	32
Deutschland	5	9	27	46
Russland	6	65	41	118
Costa Rica	82	62	65	1

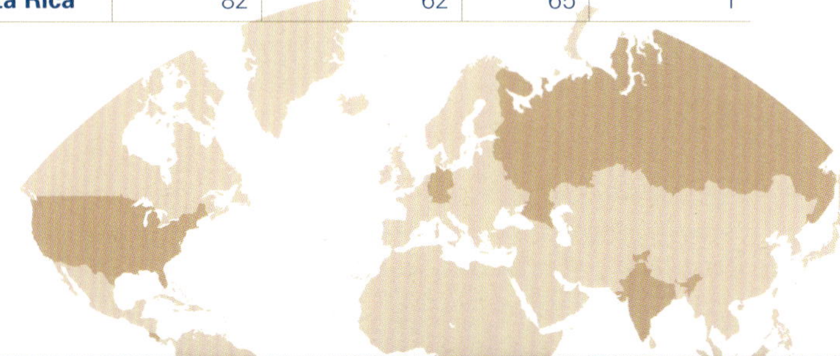

Hier kommt eine halbe Seite Silur. Denn dieses Erdzeitalter dauerte nur 24 Millionen Jahre.

Vor 419 Millionen beginnt das Devon. Es dauert 60 Millionen Jahre oder eineinhalb Buchseiten.

Am Ende dieser Seite ist die Erde 4,18 Milliarden Jahre alt.

Kiefertragende Wirbeltiere entstehen. Am Ende des Silurs gibt es erste Knochenfische. Bis zu zwei Meter lange Seeskorpione bevölkern das Meer. An Land entstehen Flechten.

Wer Verschwendung stoppen will, kann beim Essen anfangen.

Die Vernichtung von Lebensmitteln trägt wesentlich zum Klimawandel und dem Verlust von Biodiversität bei, weil Landwirtschaft Flächen beansprucht und die Produktion von Nahrungsmitteln klimaschädliche Gase freisetzt. Und natürlich ist es empörend, wenn Lebensmittel nicht gegessen werden und gleichzeitig über eine Milliarde Menschen auf der Welt hungern.

Weltweit werden pro Kopf und Tag etwa 4.600 kcal an Lebensmitteln produziert. Verzehrt werden davon nur 2.000 kcal. Mehr als die Hälfte aller produzierten Lebensmittel geht also auf dem Weg vom Feld zum Esstisch verloren. In Industrieländern, weil produzierte Lebensmittel festgelegten Standards nicht entsprechen und vor dem Verkauf entsorgt werden, oder weil wir Lebensmittel ganz einfach in den Müll schmeißen, zum Beispiel weil das Mindesthaltbarkeitsdatum überschritten war, oder wir mehr eingekauft haben, als wir essen können. In Entwicklungsländern gehen ebenfalls viele Nahrungsmittel verloren, weil Ernteschädlinge schlecht oder falsch gelagerte Lebensmittel zerstören oder die Lieferkette vom Feld zum Markt nicht funktioniert.

Wenn wir weniger Lebensmittel wegwerfen, schonen wir Geldbeutel, Biodiversität und Klima.

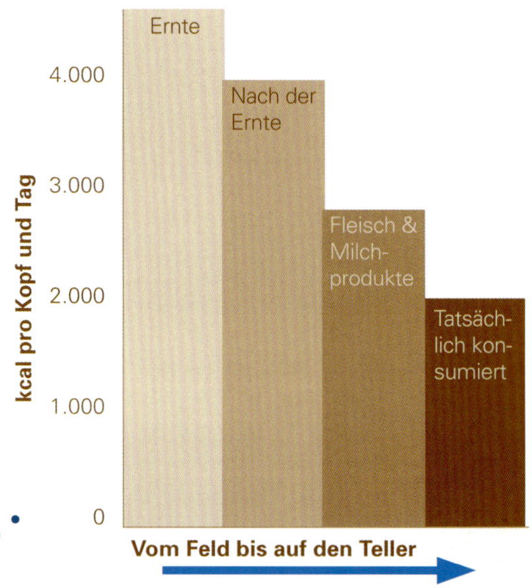

Am Tag werden pro Erdenbürger etwa 4.600 kcal an Nahrung produziert. 600 kcal gehen bereits bei der Ernte verloren, weitere 1.200 kcal werden bei der Fleisch- und Milchproduktion als Futtermittel verbraucht. Auf den Tellern landen nur ca. 2.000 kcal. Dennoch werden ca. 95 % der Forschungsgelder für die Steigerung der Nahrungsmittelproduktion aufgewendet, nur 5 % für die Minderung dieser Verluste.

Das Devon ist das Zeitalter der Fische. Die Panzerfische entwickeln eine riesige Vielfalt. Quastenflosser und Lungenfische entstehen.

Die Erde ist jetzt 4,22 Milliarden Jahre alt.

Am Ende des Devon besiedeln Wirbeltiere das Land. Bei einem Massenaussterbeereignis verschwinden die Trilobiten vollständig.

Aber nicht nur in der Landwirtschaft geht Produziertes verloren. Besonders verschwenderisch gehen wir mit den Fischbeständen der Weltmeere um. Je nach Fangmethode, Region und Zielart werden 20 % bis 98 % der gefangenen Meerestiere als Beifang entsorgt. Also tot oder sterbend wieder ins Meer geworfen. Nach Expertenschätzungen gehen zudem alleine in europäischen Gewässern etwa drei Milliarden Euro jährlich verloren, weil die Bestände so überfischt sind, dass sie nicht den maximal möglichen Ertrag liefern. Geschätzte 72 % (Stand 2012) der kommerziell genutzten europäischen Fischbestände befinden sich in einem suboptimalen Zustand. Im Jahr 2010 konnten mit der Befischung von 43 untersuchten europäischen Fischbeständen nur 64 % des möglichen Gesamtgewichts und sogar nur 55 % des potenziell möglichen Wertes erzielt werden.

Wenn wir das Management von Fischpopulationen verändern, können mittelfristig und nachhaltig wieder größere Mengen entnommen werden.

Ebenso verbesserungswürdig ist der Umgang mit unseren Wäldern. Sie werden oft gerodet, um Platz für landwirtschaftliche Flächen zu gewinnen, zum Anbau von Lebensmitteln – von denen wir, wie oben gesehen, die Hälfte gar nicht nutzen – oder zur Produktion von Energiepflanzen für Biotreibstoffe.

Holz, eigentlich ein wertvoller Rohstoff, wird zudem oft unter Wert genutzt: Als Brennmaterial ineffizienter Koch- oder Heizsysteme, Frischfaser für kurzlebige Papierprodukte oder Bauholz von Konstruktionen mit sehr kurzer Lebenszeit. Die Verschwendung von Wald wird dadurch erleichtert, dass für Holz, Lebensmittel und Biotreibstoffe ein Markt existiert und entsprechende Preise gezahlt werden, für einen stehenden Wald in der Regel aber nicht.

Traditionelle Kochstellen, wie hier in der Elfenbeinküste, verbrauchen viel Holz und setzen große Mengen CO_2 frei. Zum Kochen wird in der Elfenbeinküste fast zehnmal so viel Holz verbraucht wie in den Export geht. Ökosysteme und menschliches Wohlergehen hängen eng zusammen. Lösungen liegen zum Beispiel in effizienteren, gemauerten Kochstellen.

Die nächsten eineinhalb Seiten oder 60 Millionen Jahre gehören dem Karbon.

338 Millionen Jahre liegen noch vor uns.

Durch den hohen Sauerstoffgehalt der Atmosphäre konnten sich im Karbon Riesenformen bei den geflügelten Insekten entwickeln. Dazu gehört eine Libelle mit 70 cm Flügelspannweite.

Innovativ sein

Experten sind sich einig: Innovation ist ein wesentlicher Faktor für eine nachhaltige Entwicklung und wird Treiber eines grünen Wirtschaftswachstums sein. Dabei geht es nicht darum, bestehende Ansätze zu optimieren – also z.B. aus einem Zehn-Liter- ein Drei-Liter-Auto zu machen, sondern – in diesem Fall – über ganz neue Formen der Mobilität nachzudenken. Die Frage wäre dann nicht „Wie kommt man billig und schnell mit dem eigenen Auto von A nach B", sondern „Wer will warum wann wohin, und wie erfüllen wir diesen Wunsch sicher, schnell und schonend, mit weniger CO_2-Emission, Lärmbelastung und Flächenverbrauch?"

Auch in anderen Bereichen wird heftig geforscht, nachgedacht, erfunden. So können wir schon heute erleben, wie wir Abfall nicht nur vermeiden und wiederverwenden können, sondern wie wir aus Müll hochwertige Produkte herstellen – ihn „up-cyceln".

Ein gutes Beispiel für Innovation ist die Entwicklung der Informationstechnologie der letzten Jahrzehnte, also die Entwicklung von Computern, des Internets und neuer Kommunikationsmittel wie Smartphones. Sie sind gerade nicht einfach nur die Weiterentwicklung des Schreibens mit Papier und Bleistift oder des Anrufens mit einem Telefon mit Wählscheibe, sondern haben der Telekommunikation, Informationsspeicherung und Datenverarbeitung ein völlig neues Gesicht gegeben.

Dabei werden sich in Zukunft mehr Menschen an Innovationen beteiligen. Schon heute entwickeln Unternehmen zusammen mit ihren Kunden durch „open innovation" neue Produkte.

Kommunikation: Von Automatic Response zu Open Innovation. Schon die einfachsten Organismen kommunizieren miteinander. Dabei senden sie meist chemische Botenstoffe aus, auf die Artgenossen mit einer automatischen Verhaltensantwort reagieren. Soziale Insekten wie Bienen, Ameisen oder Termiten nutzen ausgeklügelte Kommunikationsmechanismen, mit deren Hilfe sie das Leben in ihren – bis zu zehn Millionen Individuen umfassenden – Staaten organisieren, und das seit über 30 Millionen Jahren. Säugetiere verfügen über sehr komplexe innerartliche Kommunikationsformen. Bei ihnen ist die Reaktion des Empfängers keineswegs schematisch und immer vorhersagbar. Wir Menschen kommunizieren so komplex wie keine Tier- oder Pflanzenart. Wir können unsere Gedanken erläutern und uns mit Artgenossen, die sich auf der anderen Seite der Erde befinden, über abstrakte Ideen austauschen. Diese Kommunikationsform kann man nutzen, um neue Produkte zu erfinden oder bestehende zu verbessern. Den Prozess nennt man dann „open innovation", an dem sich im Internet (fast) jeder beteiligen kann. Wir können diese Möglichkeiten nutzen, um die Herausforderungen von Klima, Leben, Zukunft gemeinsam zu lösen.

Bei den Pflanzen entstehen die ersten Nacktsamer (zu denen die heutigen Nadelbäume gehören).

Die Erde hat ein Alter von 4,30 Milliarden Jahren erreicht.

Das Perm dauert knapp 50 Millionen Jahre – wieder etwas über eine Buchseite.

Im Perm leben zahlreiche Wirbeltiere, aus denen später auch Säugetiere und Saurier hervorgehen.

Effizienz erhöhen

Neben der Förderung von Innovation und dem Ende der Verschwendung können positive Effekte auf Klima und Leben durch Effizienzsteigerungen erreicht werden. Wer mehr aus Rohstoffen und Flächen macht, braucht weniger davon. Meister der Effizienz ist die Natur. Aus ihr kommt das Gegenstromprinzip, die Oberflächenvergrößerung und der Standby Modus (die Winterruhe von Bären oder der Torpor von Fledermäusen). Von der Natur können wir uns heute bei der Entwicklung neuer Ideen leiten lassen.

Allerdings kann Effizienzsteigerung nur ein Zwischenschritt auf dem Weg zur optimalen Nutzung von Ressourcen sein. Denn durch Verbesserung der Effizienz gewinnt man nur mehr Zeit. Wir verbrauchen weiter Ressourcen – nur langsamer.

Bionik – von der Natur lernen. Schon Leonardo da Vinci entwickelte seine visionären Flugmaschinenentwürfe nach dem Vorbild des Vogelflugs. Ihm fehlten allerdings die Materialien, um seine Maschinen wirklich zu bauen. Heute gibt es in allen Entwicklungsbereichen bionische – von der Natur übernommene – Lösungen. Genau wie die Gepardenpfote beim Bremsen und im Kurvenlauf breiter ist als im Geradeauslauf, verbreitert sich ein Autoreifen beim Bremsen und verkürzt dadurch den Bremsweg um 10 %.

Die Idee der hochgebogenen Flügelspitzen an vielen Flugzeugtypen hat ihren Ursprung im Vogelflügel. Viele Arten verringern durch das Spreizen der Handschwingen Randwirbel, die den Strömungswiderstand vergrößern. Beim Flugzeug senkt das Treibstoffverbrauch und Emissionen.

Stahlmesser, die in Produktionsprozessen eingesetzt werden, nutzen sich sehr schnell ab und verlieren ihre Schärfe. Die Zähne von Nagetieren sind immer scharf. Das liegt am Verbund zweier unterschiedlich harter Materialien. Das etwas weichere Dentin wird schneller abgerieben als der harte Zahnschmelz. Dadurch bildet sich ständig eine scharfe Kante aus Zahnschmelz an der Zahnspitze. Dasselbe Prinzip wird bei der Konstruktion von Messern aus Stahl und Keramik genutzt: Der weichere Stahl nutzt sich schneller ab, und so entsteht am Übergang zwischen Stahl und Keramik eine immer scharfe Kante.

Haie verfügen über eine spezielle Oberflächenstruktur ihrer Haut. Kopiert und auf Tragflächen von Flugzeugen oder Bootsrümpfe übertragen, spart sie Sprit.

Am Ende des Perm erlebt die Erde das größte Massenaussterben aller Zeiten. Ursache war ein gigantischer Vulkanausbruch in Sibirien, der zu einem gewaltigen Anstieg von Treibhausgasen und in der Folge zu einer Erwärmung um 5°C führte.

Nur noch 253 Millionen Jahre zu erzählen.

Die Trias dauert etwas über 50 Millionen Jahre, umfasst also diese Seite.

Auf der Erde ist es warm und heiß. Auf dem Superkontinent Pangäa können sich Landwirbeltiere ungehindert ausbreiten. Es entstehen so bekannte Gruppen wie Dinosaurier, Flugsaurier, Krokodile, Schildkröten und Fischsaurier.

Mehr Glück, weniger Müll

Wir wollen nicht nur weniger verschwenden – also weniger Müll produzieren, sondern auch Wohlstand und Wohlbefinden von Menschen steigern. Geht das? Vermutlich schon, denn Müll macht ja nicht glücklich.

Müll macht Probleme. Nicht nur, wenn es Streit darüber gibt, wer ihn rausbringt, sondern auch danach bei seiner Entsorgung. Wir produzieren weltweit etwa 130 Millionen Tonnen Müll pro Tag. Manches davon kann ohne Probleme in die Umwelt gelangen. Das gilt z.B. für organische Abfälle, die die Natur einfach abbaut (eine Ökosystemleistung). Andere Stoffe kommen in der Natur gar nicht vor und werden gar nicht oder nur schwer abgebaut. Das trifft auf die 200 Millionen Tonnen Plastik zu, die weltweit jährlich produziert werden. Die meisten dieser Kunststoffe landen nach kurzer Nutzung auf dem Müll, und das heißt leider oft: Im Meer. Experten schätzen die Plastikmüllmenge in den Weltmeeren auf insgesamt mehrere hundert Millionen Tonnen. Die größte Ansammlung von Plastikmüll befindet sich im Nordpazifik zwischen Kalifornien und Japan. Dieser „Giant Garbage Patch" ist ein riesiger Müllstrudel, in dem mehrere Millionen Tonnen von dem Zeug gefangen sind – und das noch sehr lange, denn die Haltbarkeit von Kunststoffen im Meer beträgt schätzungsweise 450 Jahre. Dabei sind diese gigantischen Müllstrudel nicht mal wirklich sichtbar, weil das Plastik auf seinem Weg durchs Meer in immer kleinere Bestandteile zerrieben wird. Ungefährlicher wird es dabei nicht. Im Gegenteil: Die kleinen Plastikkügelchen werden von vielen Tieren mit Nahrungspartikeln verwechselt und gefressen. So macht sich der Plastikmüll über die Nahrungskette wieder auf, zurück zu uns. Weil sich an den Kügelchen Gifte wie DDT oder PCB besonders gut anlagern, wird er auf diesem Weg auch noch immer giftiger.

Weniger Müll muss also sein!

Plastik ist extrem langlebig. Fast alles auf der Welt jemals produziertes Plastik gibt es noch – sehr viel davon leider im Meer.

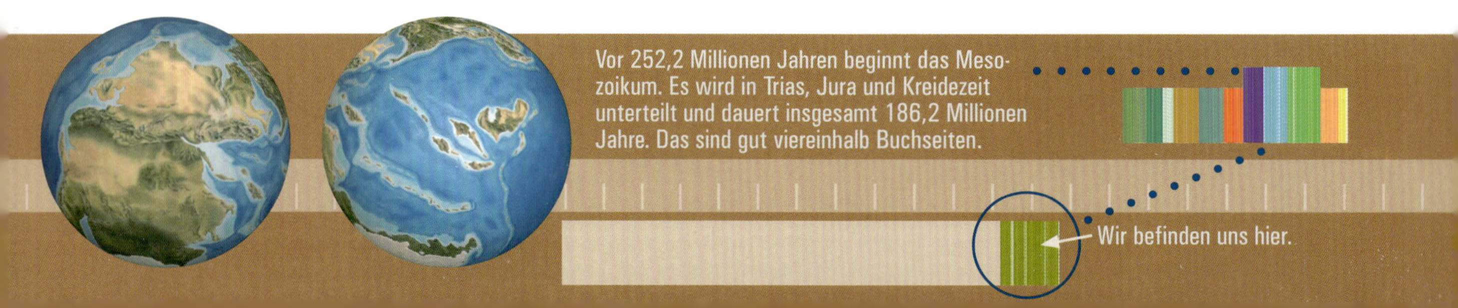

Hin zur „grünen Wirtschaft" (Green Economy)

Am besten wäre, alle machten mit. Das Umweltprogramm der Vereinten Nationen (UNEP) hat schon den Umbau des weltweiten Wirtschaftssystems zu einer Green Economy vorgeschlagen. Die soll das Wohlbefinden von Menschen steigern, sozial gerecht sein und ökologische Risiken und Engpässe möglichst vermeiden. Bisher wurden wir wohlhabender durch die Übernutzung von Ressourcen. In den letzten 25 Jahren hat sich das weltweite Bruttosozialprodukt vervierfacht – auf Kosten von Ökosystemen und ihren Leistungen, von denen heute 60 % geschädigt oder übernutzt sind. Das soll in Zukunft nicht mehr passieren, weil langfristig diese Übernutzung weder der Umwelt noch unserer Wirtschaft gut tun.

Viele wirtschaftliche Aktivitäten sind heute immer noch umweltschädlich, weil Schäden oft nicht eindeutig den Verursachern zugeordnet werden können.

Zur Green Economy gehört, negative Effekte auf Ökosysteme in ökonomische Berechnungen einzubeziehen (zu internalisieren). Damit werden nicht nur die wahren Kosten sichtbar gemacht, sondern den Verursachern (und nicht der Allgemeinheit) in Rechnung gestellt. Geschäfte mit großen Umweltschäden oder -risiken sind dann nicht mehr lukrativ.

Verzicht, Verzicht, Verzicht?

Verzicht klingt gar nicht gut. Allerdings kommt es auf den Kontext an. Jeder verzichtet gerne auf eine schwere Krankheit, einen stinkenden Müllberg vor der Tür oder Dauerregen im Sommerurlaub. Persönliche Verantwortung für **Klima, Leben, Zukunft** zu übernehmen, sollte aber gar nicht unter dem Motto „Verzicht, Verzicht, Verzicht" stehen, sondern unter der Maxime „besser, besser, besser". Das Ziel ist, weniger zu verbrauchen und trotzdem besser zu leben – zum Beispiel, indem die Qualität der Produkte verbessert wird und nicht die verbrauchte Menge vergrößert.

Im Jura ist es warm. Neben Dinosauriern wie Compsognathus und Diplodocus lebt im heutigen Bayern der Archaeopteryx. Auch Säugetiere gibt es im Jura, die der Vorherrschaft der Dinosaurier aber offensichtlich nichts entgegenzusetzen haben.

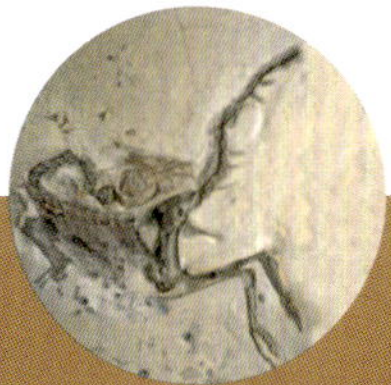

Hier beginnt der Jura.

Am Ende dieser Seite ist die Erde 4,43 Milliarden Jahre alt.

Woran könnte alles scheitern?

Wenn jemand anfängt, sich richtig zu verhalten, zahlt er manchmal einen höheren Preis auch dafür, dass andere von seinem positiven Verhalten kostenlos profitieren. Wer sein Auto stehen lässt oder teure Bioprodukte kauft, der verbessert auch die Lebensbedingungen von Trittbrettfahrern, also Menschen, die sich nicht korrekt verhalten, die man aber vom Nutzen einer intakten Umwelt nicht ausschließen kann. Trittbrettfahrer nerven und verleiden manchen Menschen den Spaß an einem verantwortungsvollen Handeln. Trotz dieses Problems wollen immer mehr Staaten, Unternehmen und Einzelpersonen sich für ein besseres Klima und Leben in der Zukunft einsetzen.

Rebound frisst Effizienz

„Rebound" bedeutet, dass Verbesserungen auf einem Gebiet schnell durch gegenläufige Effekte auf einem anderen Gebiet aufgehoben oder sogar überkompensiert werden. So hat die Entwicklung treibstoffsparender Automotoren nicht zu wesentlich niedrigerem Spritverbrauch geführt, weil Autos heute sehr viel schwerer und stärker motorisiert sind als noch vor 30 Jahren. Und selbst wenn zum Beispiel im Haushalt durch gute Wärmedämmung Energie – und damit Kosten – eingespart werden, gibt man das gesparte Geld an anderer Stelle wieder aus, und zwar möglicherweise weniger energiebewusst als für die Heizung. Rebound bedeutet also auch, dass es uns schwerfällt, Muster dauerhaft zu ändern – wir fallen gerne in alte Gewohnheiten zurück.

Im Jahr 1881 erscheint das erste deutsche Telefonbuch in Berlin. Es führt 94 Anschlüsse auf. Im Volksmund wird es das „Buch der 94 Narren" genannt, die auf den „Schwindel aus Amerika" reingefallen sind. Im Jahr 2011 gibt es in Deutschland alleine 112 Millionen Mobiltelefonanschlüsse. Auch wenn jedes neue Mobiltelefon mehr kann und effizienter ist, steigen Energie- und Ressourcenverbrauch durch die steigende Anzahl der Geräte immer weiter an.

Pflanzenzellen (links) haben im Gegensatz zu tierischen Zellen eine Zellwand und eine Vakuole.

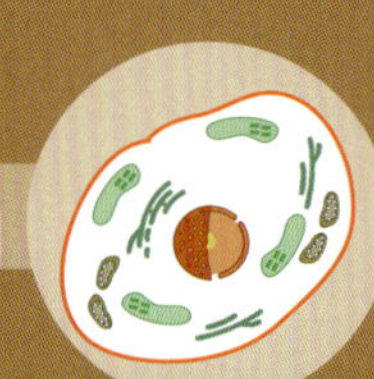

Bei den Pflanzen wir der Jura von Ginkgos, Mammutbäumen, Kiefern, Farnen und Schachtelhalmen dominiert.

Die Erde ist jetzt 4,47 Milliarden Jahre alt.

Viel zu langsam – viel zu spät?

Internationale Abkommen wie die Klima-Rahmenkonvention oder die Biodiversitäts-Konvention sollen helfen, alle Staaten in den Klima- und Biodiversitätsschutz einzubinden.

Wenn alle mitkommen sollen, geht es langsam voran, weil man auf den Langsamsten warten muss oder ihn zumindest nicht verlieren darf. So gesehen passiert viel zu wenig, viel zu langsam, viel zu spät. Wichtig ist aber, dass der richtige Weg beschritten ist. Umkehren kann und wird nun auch kein Staat mehr.

Neben der Umsetzung naturwissenschaftlicher Forschung in die Anwendung im Alltag ist die größte Herausforderung für Wissenschaftler inzwischen vielleicht die Frage, wie man die Menschheit dazu bewegen kann, sich vernünftig zu verhalten. Weg vom **Überfluss für Wenige** hin zum **Genug für Alle**. Immer weiter wachsen, das weiß jeder Naturwissenschaftler, das geht nicht.

Während des „Erdgipfels“ für Umwelt und Entwicklung 1992 in Rio de Janeiro beschloss die Staatengemeinschaft u.a. die Klima-Rahmenkonvention UNFCCC (United Nations Framework Convention on Climate Change) und die Biodiversitäts-Konvention CBD (Convention on Biodiversity). Die UNFCCC hat das Ziel, die schädlichen Auswirkungen des Klimawandels zu verhindern oder abzumildern.

Das Kyoto-Protokoll von 1997 konkretisiert ein Maßnahmenbündel innerhalb der UNFCCC. Das Protokoll legte erstmals konkrete Zielwerte für den Ausstoß von Treibhausgasen fest. Es trat 2005 in Kraft und endete im Jahr 2012.

Die Biodiversitätskonvention hat drei gleichrangige Ziele:

1. den Schutz der Biologischen Vielfalt
2. die nachhaltige Nutzung ihrer Bestandteile
3. den gerechten Vorteilsausgleich bei der Nutzung genetischer Ressourcen.

Den Zeitraum von 2011 bis 2020 haben die Vereinten Nationen zur „Dekade der Biologischen Vielfalt“ ausgerufen.

2010 International Year of Biodiversity

Auf der Erde ist es warm und angenehm. Die Dinosaurier beherrschen immer noch das Bild auf der Erde. Auch in Deutschland, wo z.B. das Iguanodon lebte.

Noch ein paar Schritte, gleich sind wir da. Nur noch 84 Millionen Jahre.

Hier beginnt die Kreidezeit. Sie dauert 79 Millionen Jahre oder zwei Buchseiten.

Die Weltgemeinschaft hat mit der Klimarahmenkonvention ein Instrument entwickelt, um den Klimawandel in den Griff zu bekommen. Länder, die viele Treibhausgase ausstoßen, sollen sich zur Reduktion ihrer Emissionen verpflichten. Länder, die bislang wenige Klimagase ausstoßen, müssen überzeugt werden, ihre Entwicklung „klimaneutral" zu gestalten. Hierfür hatte eine überwältigende Mehrheit von Regierungen 1997 das Kyoto-Protokoll verabschiedet. Das Kyoto-Protokoll ist Ende 2012 ausgelaufen, und eine neue, globale Vereinbarung ist bisher nicht in Kraft getreten. Als Kompromiss haben die 193 Staaten, die bisher dabei waren, seine Verlängerung bis 2020 beschlossen. China, Indien und die boomenden Länder Afrikas bestehen auf ihrem Recht, ihre Wirtschaft genauso durch Öl, Kohle und Gas zu befeuern wie die alten Industrieländer seit 150 Jahren. Das bedeutet aber ein Wachstum zu Lasten des Klimas. Industriestaaten sind nur begrenzt bereit, einen alternativen, klimafreundlichen Entwicklungspfad durch umfassende Finanzierung und durch Technologietransfer zu unterstützen. Innerhalb der Europäischen Union, die sich als Vorreiter im Klimaschutz sieht, ist umstritten, ob das einseitige Vorangehen nicht zu Nachteilen der europäischen Wirtschaft im globalen Wettbewerb führen wird. Dazu kommt, dass die größten Emittenten wie die USA und China sich bisher nicht zu konkreten Reduktionszielen bekannt haben. Das Weltklima und sein Schutz haben also längst die politische Bühne erklommen. Das ist gut, weil Entscheidungen getroffen werden müssen, die zentrale Interessen souveräner Staaten betreffen. Es macht den Prozess der Bekämpfung des Klimawandels aber nicht einfacher.

Schon heute denken Forscher darüber nach, wie Städte der Zukunft aussehen könnten. Nicht nur wohnlich, sondern mit positiven Effekten auf Leben und Klima.

In der Kreidezeit entstehen die ersten Blütenpflanzen.

Das Känozoikum, die Erdneuzeit, beginnt. Es ist das Erdzeitalter, in dem wir heute leben. Man unterteilt es in Paläogen, Neogen und Quartär.

Am Ende der Kreidezeit kommt es zu einem Massenaussterben, dem auch die großen Dinosaurier zum Opfer fallen.

Wir befinden uns hier, in der Zeit vor 42 Millionen Jahren.

Vision – Wie alles werden könnte ...

Im Jahr 2100 leben 10 Milliarden Menschen auf der Erde. Der Nordpol ist das ganze Jahr über nahezu eisfrei, weil die globale Temperatur um fast 2°C angestiegen ist. Zum Glück sind die schlimmsten Szenarien der Klimaforscher nicht eingetroffen. In den Jahren 2035 bis 2045 hatte die Welt mit schweren Überschwemmungen zu kämpfen.

Der international besetzte Weltklima- und Biodiversitätsrat hat sich zur wichtigsten Regierungsbehörde der Erde entwickelt. Seine Unterabteilungen für Globales Naturkapital und Ökosystemleistungen, Green Economy, Globalen Handel und Energie setzen ihre Masterpläne um. Ein „Paradigma des Ökologisch Machbaren" bestimmt die Wirtschaftspolitik der Staaten. Die in allen Ländern jetzt übliche Internalisierung von Kosten hat dazu geführt, dass Klima und Ökosysteme weit geringer belastet werden als jemals seit Beginn der industriellen Revolution. Alle Ökosysteme befinden sich in einem besseren Zustand als vor 50 Jahren. Die Renaturierung von Ökosystemen ist rasch vorangeschritten. Immer mehr Unternehmen haben sich damals darauf spezialisiert, Wertstoffe nicht mehr aus intakten Naturräumen, sondern aus vom Menschen stark beanspruchten Böden und Gewässern zu gewinnen. Auch die großen Plastikmüllstrudel in den Weltmeeren sind im Zuge dieser Entwicklung verschwunden. Klassischer Müll ist in dieser Welt unbekannt, weil alle Produkte einer Kreislaufwirtschaft unterworfen sind.

In den nordafrikanischen Wüsten sind gigantische Solarkraftwerke entstanden, die große Teile Afrikas, Europas und Asiens mit Energie versorgen. Der neue Reichtum hat dazu geführt, dass die Region auch politisch beruhigt ist. Durch ausgeklügelte Netzsysteme sind die Quellen regenerativer Energien über große Gebiete so miteinander verbunden, dass Strom immer da verfügbar ist, wo er gebraucht wird.

Die waldreichen Länder Asiens, Afrikas und Südamerikas werden für den Schutz ihrer tropischen Regenwälder von der Weltgemeinschaft bezahlt.

Ökosystemleistungen sind ein handelbares Gut geworden. Länder, die über viel Naturkapital verfügen, sind dadurch so reich geworden, dass der Schutz von Biodiversität weltweit einen Boom erlebt. Aber nicht nur Naturräume werden als wertvolles Eigentum gut geschützt. Die Großstädte der Welt haben sich zu Ökometropolen entwickelt. Alle Städte produzieren inzwischen mehr Energie, als sie verbrauchen.

Im Neogen, das vor 23 Millionen Jahren beginnt, werden die Rüsseltiere zu den größten Landtieren.

Wir sind am Ende unserer Reise angekommen. Die Erde ist jetzt 4,6 Milliarden Jahre alt. Sie hat ungefähr die Mitte ihres Lebens erreicht und noch einmal 4,6 Milliarden Jahre vor sich.

Die Vögel und Säugetiere entwickeln eine große Artenvielfalt.

Vor 2,6 Millionen Jahren beginnt das Quartär. Es dauert bis heute an.

Portraits Senckenberg und Partnerinstitutionen

SENCKENBERG
world of biodiversity

Senckenberg Gesellschaft für Naturforschung

Die Senckenberg Forschungsinstitute und Naturmuseen erforschen die Entwicklungsgeschichte und Dynamik der Biosphäre sowie deren Wechselwirkungen mit dem System Erde-Mensch. Schwerpunkte bilden die organismisch orientierte Evolutions- und Biogeodiversitätsforschung mit ihren Anwendungen in Ökologie und Naturschutz.

Der Hauptsitz liegt in Frankfurt am Main. Weitere Standorte sind Dresden, Gelnhausen, Görlitz, Hamburg, Müncheberg, Tübingen, Wilhelmshaven und Weimar. Senckenberg betreibt auch die Grube Messel, die zum UNESCO-Welterbe erklärt wurde und mit der Universität Tübingen das „Senckenberg Center for Human Evolution and Palaeoecology". Gemeinsam mit der Universität Frankfurt leitet Senckenberg das „Biodiversität und Klima Forschungszentrum", das sich mit den Interaktionen der Biodiversitätsdynamik und Klimaentwicklung beschäftigt.

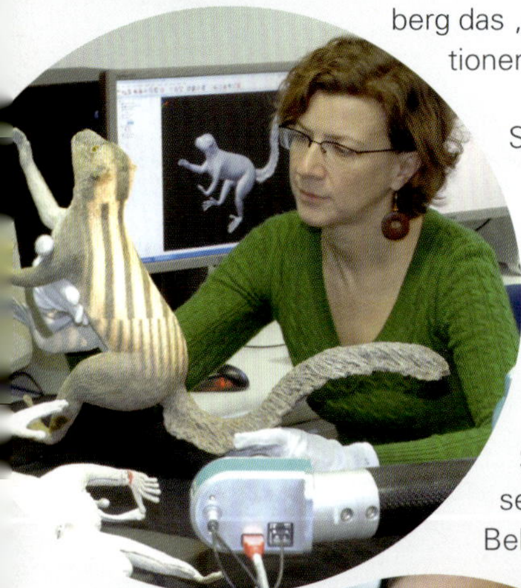

Senckenberg ist mit 750 Mitarbeitern eine der größten Einrichtungen der Leibniz-Gemeinschaft. Die Senckenberg-Institute vereinen in ihren wissenschaftlichen Sammlungen etwa 37 Millionen sogenannte Serien – präparierte sowie konservierte Pflanzen und Tiere, Fossilien sowie Gesteine. Senckenberg am Meer in Wilhelmshaven unterhält den Forschungskutter „Senckenberg". Die Senckenberg Institute verfügen über hochmoderne Analytik, z.B. in den Bereichen Molekulargenetik und Isotopenanalyse. Diese Infrastruktur wird nicht nur von den Senckenberg-Wissenschaftlern genutzt, sondern von zahlreichen Wissenschaftlern weltweit nachgefragt. Hinzu kommen Auftragsarbeiten für Behörden und andere Einrichtungen.

In den eigenen Schaumuseen in Frankfurt, Görlitz und Dresden wird auf mehr als 8000 Quadratmetern ein Verständnis für Evolution, Biodiversität, Ökosystemforschung, Geowissenschaften sowie ein systemisches Bild der Erde vermittelt. Hierzu dienen nicht nur die ständigen Ausstellungen, sondern auch wechselnde Sonderausstellungen unterschiedlichen Umfangs. Vielfältige museumspädagogische Programme sind integraler Bestandteil dieses Konzepts. Jedes Jahr besuchen 500.000 bis 600.000 Menschen die Senckenberg-Museen.

Forschung für die Zukunft

„PLANET 3.0 – Klima. Leben. Zukunft" vermittelt anschaulich, wie sich das Klima und die biologische Vielfalt im Verlauf der Erdgeschichte verändert haben, welche Faktoren das System Erde bestimmen und wie Wissenschaftler es erforschen und zu ihren Erkenntnissen gelangen.

Weil sie in ihrer Gesamtheit nicht zu erfassen sind, müssen Wissenschaftler die komplexen Wechselwirkungen des System Erde in handhabbare Teilbereiche zerlegen und dabei berücksichtigen, dass die Zusammenhänge nicht verloren gehen. Mit jedem dieser Teilbereiche beschäftigen sich Spezialisten im Rahmen unzähliger Forschungsprojekte.

Das System Erde zu verstehen, ist eine globale Aufgabe und nur auf der Grundlage internationaler Zusammenarbeit zu bewältigen. Auch die Forschungsinstitute Senckenbergs und ihre Kooperationspartner, die sich in der Ausstellung PLANET 3.0 präsentieren, leisten hierzu ihren Beitrag, indem sie aktuelle Forschungsprojekte und Aktivitäten vorstellen.

AWI ALFRED-WEGENER-INSTITUT HELMHOLTZ-ZENTRUM FÜR POLAR- UND MEERESFORSCHUNG

Alfred-Wegener-Institut Helmholtz-Zentrum für Polar- und Meeresforschung

Das Alfred-Wegener-Institut forscht in der Arktis, Antarktis und den gemäßigten Breiten. Es koordiniert die Polarforschung in Deutschland und trägt dazu bei, die komplexen Zusammenhänge im System „Erde" zu entschlüsseln. Das Ziel, die treibenden Kräfte und Veränderungen im Klimageschehen zu verstehen, ist dabei zunehmend in den Mittelpunkt der wissenschaftlichen Arbeit gerückt. Charakteristisch für die Forschungsarbeit des Instituts sind seine starke internationale Vernetzung und die breite wissenschaftliche Basis, auf der sie erfolgt. Bio-, Geo- und Klimawissenschaftler arbeiten eng zusammen. Sie decken von der Atmosphären- bis zur Tiefseeforschung nahezu alle Disziplinen polarer und meereskundlicher Grundlagenforschung ab. Weil die Polar- und Meeresforschung immer auch eine logistische Herausforderung ist, verfügt das Institut über eine exzellente Infrastruktur, darunter die Neumayer-Station III und den bekannten Forschungseisbrecher „Polarstern".

Deutscher Wetterdienst – Nationaler Wetterdienst der Bundesrepublik Deutschland

Der 1952 gegründete Deutsche Wetterdienst (DWD) ist als nationaler meteorologischer Dienst der Bundesrepublik Deutschland im Rahmen der Daseinsvorsorge tätig. Kernaufgaben sind u. a. die meteorologische Sicherung der Luft- und Seeschifffahrt und das Warnen vor gefährlichen meteorologischen Ereignissen. Wichtig sind aber auch Dienstleistungen für den Bund und die Länder sowie die Erfüllung internationaler Verpflichtungen der Bundesrepublik. Der DWD ist Referenz für die Meteorologie in Deutschland und für die Öffentlichkeit erster Ansprechpartner zu Fragen rund um Wetter und Klima. Der DWD gehört als Bundesbehörde zum Geschäftsbereich des Bundesministeriums für Verkehr-, Bau und Stadtentwicklung. Die Zahl der Beschäftigten liegt bei knapp 2400, davon arbeiten etwa 900 in der Zentrale in Offenbach am Main. Jährlich werden rund 90.000 weltweite Wettervorhersagen herausgegeben sowie 30.000 Wetter- und Unwetterwarnungen. Dazu kommen 15.000 Produkte zur Klimaüberwachung. Forschung und Lehre unterstützt der DWD jährlich mit etwa 300 Millionen Klimadaten.

European Organisation for the Exploitation of Meteorological Satellites

EUMETSAT, mit Sitz in Darmstadt, liefert seinen 26 Mitglieds- und fünf Kooperationsstaaten essenzielle Daten zur Wetter- und Klimaüberwachung. Satelliten der „Meteosat"-Reihe, geostationär 36.000 km über dem Äquator, spielen eine wesentliche Rolle für die Überwachung von und Warnungen vor Extremwettersituationen. Datenreihen mit klima- und umweltrelevanten Vollbild-Beobachtungen der Meteosat-Satelliten existieren seit 1981 und sind die längsten Beobachtungsreihen dieser Art in der Welt. Die Metop-Satelliten in einer niedrigeren polaren Umlaufbahn liefern detaillierte Beobachtungen der Atmosphäre einschließlich Temperatur, Feuchtigkeitsprofile, Wolkenbedeckung und atmospärischer Zusammensetzung. Auch diese Beobachtungen sind für die globale Klimaüberwachung notwendig und werden über Jahrzehnte hinweg gesammelt. Jason-2 liefert als Ozean-Altimetrie-Satellit kontinuierliche Beobachtungen des Meerespiegels, dessen Anstieg weltweit als eine der Konsequenzen der Erderwärmung anerkannt ist. Zusammen mit seinen internationalen Partnern arbeitet EUMETSAT bereits an den nächsten Generationen dieser Satelliten, um diese wesentlichen Beobachtungen auch weiterhin zur Verfügung stellen zu können.

GEOMAR Helmholtz-Zentrum für Ozeanforschung Kiel

Das GEOMAR gehört zu den international führenden Einrichtungen auf dem Gebiet der Ozean- und Tiefseeforschung. Inhaltlich setzt das GEOMAR mit seinen Schwerpunkten Ozean im Klimawandel, marine Ökosystemforschung, nachhaltige Nutzung mariner Rohstoffe und der Erforschung mariner Naturgefahren einen klaren Fokus auf gesellschaftlich relevante Zukunftsthemen. Das GEOMAR ist weltweit tätig und setzt hierzu neben den vier eigenen Forschungsschiffen auch schwerpunktmäßig die global operierenden deutschen Forschungsschiffe ein. Die umfangreiche seegehende Infrastruktur des GEOMAR umfasst darüber hinaus drei Tieftauchroboter (6.000 m), ein autonomes Tiefseefahrzeug sowie das einzige bemannte deutsche Forschungstauchboot und weitere Spezialgeräte. Umfangreiche analytische Einrichtungen, die größte meereswissenschaftliche Bibliothek Deutschlands, ein Technik- und Logistikzentrum sowie ein öffentliches Aquarium ergänzen die Ausstattungen des GEOMAR, an dem etwa 800 Mitarbeiter beschäftigt sind.

Deutsches GeoForschungsZentrum

Forscher am Deutschen GeoForschungsZentrum GFZ untersuchen das System Erde, um das Ausmaß des Globalen Wandels zu erfassen und den Einfluss des Menschen zu bewerten. Damit können Strategien entwickelt werden für die Gewinnung und nachhaltigen Nutzung natürlicher Ressourcen und zum Schutz vor Naturkatastrophen.

Das GFZ ist das Helmholtz-Zentrum für Geoforschung und betreibt alle Disziplinen der Geowissenschaften in einem engen Verbund mit anderen Natur- und Ingenieurwissenschaften. Die Kernkompetenzen des GFZ liegen in der Anwendung und Entwicklung von Satellitentechnologien und raumgestützten Messverfahren, im Betrieb geodätisch-geophysikalischer Messnetze, in der Tomographie der festen Erde mit Verfahren der geophysikalischen Tiefensondierung, in der Durchführung von Forschungsbohrungen, in der Labor- und Experimentiertechnik sowie in der Modellierung von Geoprozessen. Ein besonderer Schwerpunkt des GFZ liegt in der Erforschung und Technologieentwicklung zur Nutzung geoenergetischer Ressourcen und der Klimaforschung.

KFW STIFTUNG

Die KfW Stiftung

Die gemeinnützige, unabhängige KfW Stiftung wurde im Oktober 2012 gegründet. Im Mittelpunkt ihrer Aktivitäten steht die Auseinandersetzung mit der Bewältigung großer gesellschaftlicher Herausforderungen wie dem Schutz von Klima und Umwelt, dem demografischen Wandel sowie der Globalisierung. Hier möchte die KfW Stiftung sensibilisieren, Verantwortung übernehmen und Vielfalt gestalten. Der Stiftungszweck umfasst die Themenfelder Umwelt und Klima, Soziales Engagement, Verantwortliches Unternehmertum sowie Kunst und Kultur. Zudem unterhält die Stiftung ein historisches Archiv in Berlin, das auch die Gründungsgeschichte der Stifterin KfW dokumentiert. Zum Vorstand der Stiftung wurde Dr. Ulrich Schröder und Dr. Edeltraud Leibrock berufen. Der Sitz der KfW Stiftung ist Frankfurt am Main.

marum

Dem Meer auf den Grund gehen!

Zentrum für Marine Umweltwissenschaften Bremen

Das MARUM – Zentrum für Marine Umweltwissenschaften an der Universität Bremen entschlüsselt mit modernen Methoden die Rolle der Ozeane im System Erde, insbesondere in Hinblick auf den globalen Wandel. Es erfasst die Wechselwirkungen zwischen geologischen und biologischen Prozessen im Meer und liefert Beiträge für eine nachhaltige Nutzung der Ozeane. Die Bereitstellung von Forschungsinfrastruktur spielt eine wichtige Rolle: So betreibt das MARUM eines von drei weltweit existierenden Bohrkernlagern des Integrierten Ozeanbohr-Programms IODP und gemeinsam mit dem Alfred-Wegener-Institut für Polar- und Meeresforschung das Dateninformationssystem PANGAEA. MARUM verfügt über einen modernen Gerätepark zur Erforschung des tiefen Ozeans. Hierzu zählen das Tiefseebohrgerät MARUM-MeBo sowie ferngesteuerte und autonom operierende Unterwasserfahrzeuge. MARUM umfasst das DFG-Forschungszentrum und den Exzellenzcluster „Der Ozean im System Erde" und fördert den wissenschaftlichen Nachwuchs in der internationalen Graduiertenschule GLOMAR („Global Change in the Marine Realm").

Bildnachweise

Fotos
Seite 1 Bildmarke PLANET 3.0 ©pp-Agenda; Seite 2 ©H. Vollrath/digitalstock; Seite 7 unten; Seite 10 links, Hintergrund; Seite 14; Seite 51 unten; Seite 56 rechts; Seite 80 unten; Seite 87 links; Seite 90 unten; Seite 97; Seite 106 oben; Seite 108 oben ©Ira Olaleye; Seite 3; Seite 6 links; Seite 24 beide unten; Seite 25 unten; Seite 26 Mitte, unten; Seite 27 unten links; Seite 34 unten ©Michael Poland mit freundlicher Genehmigung des U.S. Geological Survey; Seite 4 oben ©privat; Seite 4 unten ©NASA/JPL-Caltech; Seite 7 oben ©NASA, The Hubble Heritage Team, STScl, AURA; Seite 46 links ©NASA Goddard Space Flight Center Image by Reto Stöckli; Seite 60 ©NASA, Bild mit freundlicher Genehmigung von Jeff Schmaltz; Seite 65 Himmel Hintergrund ©NASA, The Hubble Heritage Team, STScl, AURA; Seite 65 Mars; Seite 65 Venus; Seite 69 rechts; Seite 92 alle ©NASA/JPL; Seite 5 unten; Seite 18 unten; Seite 22 rechts; Seite 23 unten; Seite 40 ©Tim Orr mit freundlicher Genehmigung des U.S. Geological Survey; Seite 6 rechts; Seite 16 ©Olaf Tietz, Senckenberg; Seite 8; Seite 9 unten; Seite 12 unten; Seite 13 unten; Seite 22 links; Seite 28 unten; Seite 37 unten; Seite 41 unten ©Donald A. Swanson mit freundlicher Genehmigung des U.S. Geological Survey; Seite 9 oben ©Tatiana Arias, GIZ; Seite 12 oben ©Ulf Linnemann, Senckenberg; Seite 13 oben, Mitte; Seite 26 links; Seite 27 oben; Seite 30 unten; Seite 33; Seite 34 1-3 oben; Seite 35 Mitte links und rechts; Seite 36 rechts; Seite 38 oben; Seite 42 Paläogloben; Seite 50 links, rechts; Seite 51 oben; Seite 53 unten; Seite 62; Seite 63 Halsbandsittich; Seite 67 unten; Seite 93 unten; Seite 96 alle; Seite 99 unten; Seite 100 unten; Seite 102; Seite 104 unten; Seite 106 beide unten; Seite 107 unten; Seite 109 unten; Seite 111; Seite 112 oben, Mitte, Umschlag Hintergrund innen, Umschlag innen Paläogloben ©Sven Tränkner; Seite 15 ©Hartmut Schneider; Seite 18 oben ©Dreistern Nahrungsmittel GmbH, München; Seite 18 Mitte ©Keith Ramos, U.S. Fish and Wildlife Service; Seite 20 rechts ©National Ice Core Laboratory, U.S. Geological Survey; Seite 22 oben; Seite 116 unten alle und Logo ©MARUM Zentrum für Marine Umweltwissenschaften; Seite 23 oben, Mitte; Seite 24 Mitte ©Bernhard Stribrny, Senckenberg; Seite 28 oben; Seite 46 Hintergrund; Seite 55 unten; Seite 78; Seite 110 oben ©Jonas Ewert, Senckenberg; Seite 29 ©Africa Studio/fotolia.com; Seite 31 ©ROV-Team, GEOMAR; Seite 32 ©Ambrose/digitalstock; Seite 33 unten; Seite 38 unten ©U.S. Geological Survey; Seite 36 links ©SusaZoom/digitalstock; Seite 39 oben ©Sarah C. Behan mit freundlicher Genehmigung des U.S. Geological Survey, Mitte ©Bruce Jaffe mit freundlicher Genehmigung des U.S. Geological Survey, Mitte unten ©Cyrus Read mit freundlicher Genehmigung des U.S. Geological Survey, unten ©Michael C. Rygel via Wikimedia Commons; Seite 42 unten links ©Brudersohn/Wikipedia; Seite 43 unten ©Paul Harrison/Wikipedia; Seite 44 oben ©Bildarchiv Foto Marburg, unten links; Seite 74 unten ©Stefan Rahmstorf; Seite 48 ©U.S. Coast Guard mit freundlicher Genehmigung des U.S. Geological Survey; Seite 58 ©Carole McIvor mit freundlicher Genehmigung des U.S. Geological Survey; Seite 63 Nandus ©Nino Barbieri/Wikimedia, Waschbär ©Quartl/Wikimedia, Springkraut ©Simplicius/Wikimedia, Flamingo ©Trisha Shears/Wikimedia; Seite 66 ©Nick Hobgood/Wikimedia; Seite 67 oben ©Adam Backlin mit freundlicher Genehmigung des U.S. Geological Survey; Seite 68 ©Michael Gäbler/Wikimedia; Seite 69 links; Seite 72; Seite 77; Seite 83; Seite 86; Seite 103 alle ©Frauke Fischer; Seite 70 ©James C. Leupold, U.S. Fish and Wildlife Service; Seite 71 oben ©W. Quirtmair/digitalstock, Mitte ©David Rabon, U.S. Fish and Wildlife Service, unten ©Pierrot/digitalstock; Seite 73 ©Smith, U.S. Fish and Wildlife Service; Seite 74 oben ©Christian Jung/fotolia.com; Seite 75 ©Dirk Ostermeier; Seite 79 ©hanju/digitalstock; Seite 80 oben ©E. Bartel/digitalstock; Seite 81 ©kaeptn_chemnitz/fotolia.com; Seite 82 ©ExQuisinez/fotolia.com; Seite 84 ©lassedesignen/fotolia.com; Seite 87 rechts ©Hartsook, U.S. Library of Congress's Prints and Photographs Division/Wikimedia; Seite 88 ©Ferdi Rizkiyanto; Seite 90 oben Johann Friedrich Bury, Kreidezeichnung, ©Klassik Stiftung Weimar/Wikimedia; Seite 94 ©Bin im Garten/Wikimedia; Seite 95 ©Stollwerck Sammelbild von 1898, aus Gerhard Paul (Hrsg.): Das Jahrhundert der Bilder. Band I: 1900 bis 1949/ Wikimedia; Seite 98 ©privat; Seite 99 oben ©privat; Seite 105 ©Richard Carey/fotolia.com; Seite 108 unten ©S. Behringer/digitalstock; Seite 109 oben ©UNCBD; Seite 110 oben ©arquiplay77/fotolia.com; Seite 112 unten ©Jan Hosan; Seite 113 alle ©AWI Alfred-Wegener- Institut, Helmholtz-Zentrum für Polar- und Meeresforschung; Seite 114 oben beide und Logo ©Deutscher Wetterdienst; unten beide und Logo ©EUMETSAT; Seite 115 oben beide und Logo ©GEOMAR Helmholtz-Zentrum für Ozeanforschung Kiel, unten beide und Logo ©GFZ Deutsches GeoForschungsZentrum; Seite 116 oben beide und Logo ©KfW Stiftung, unten ; Seite 120 ©Hassia Gruppe, Umschlag: Erde, Gletscher von oben ©NASA, Schwärmer ©Günther Gailberger, Windpark ©S. Kassal/digitalstock, Hintergrund ©Jonas Ewert, Senckenberg, Umschlag innen: Anthroposphäre ©Craig Mayhew and Robert Simmon, NASA GSFC, Hydrosphäre ©D. Möbus/digitalstock, ©privat, ©privat, Atmosphäre ©Jonas Ewert, Senckenberg, Pedosphäre ©S. Behringer/digitalstock, Biosphäre, Kryosphäre, Lithosphäre ©Sven Tränkner, Senckenberg

Grafiken
Seite 3 unten rechts; Seite 8 Zeitleiste; Seite 16; Seite 17 verändert nach Linnemann et al. (2011); Seite 19 verändert nach Linnemann et al. (2008); Seite 20 links verändert nach Rahmstorf (2004); Seite 21; Seite 24 oben; Seite 25 oben, verändert nach World Ocean Review (2010), unten rechts; Seite 27 oben, rechts; Seite 30 oben; Seite 35 oben verändert nach Rohde & Muller, Nature, Vol 434, 2005; Seite 35 unten; Seite 37 oben; Seite 41 oben; Seite 45 oben, unten; Seite 49 oben verändert nach American Petroleum Institute und U.S. Energy Information Administration, Mitte rechts nach Maddison, A. (2003). The World Economy, A Millennial Perspective, Paris: OECD, Mitte links verändert nach IPCC (2007), unten links exponentielle Progression, unten rechts verändert nach IPCC (2007); Seite 51 unten verändert nach IPCC (2007); Seite 52 beide; Seite 53 verändert nach World Ocean Review (2010); Seite 55 oben verändert nach IPCC (2007); Seite 56 links; Seite 57 verändert nach IPCC (2007); Seite 59 verändert nach Millenium Ecosystem Assessment (2005); Seite 61 verändert nach Global Footprint Network (2010); Seite 64; Seite 73; Seite 76; Seite 85; Seite 87; Seite 91 verändert nach Global Footprint Network (2007); Seite 93 verändet nach Millenium Ecosystem Assessment (2005); Seite 98; Seite 100 alle, unten verändert nach Daten der UN (2012); Seite 101; Seite 102; Seite 108 unten, Umschlag innen Zeitleiste ©Ira Olaleye; Seite 37 Mitte Zeichnung John Gould, ©aus Journal of researches von Charles Darwin, 1845; Seite 107 oben ©Gefahrensymbol, Chemikalienfachstelle der EU/Wikimedia

Die Paläogloben wurden von Rolf Spitz, Oberpräparator Senckenberg Naturmuseum Frankfurt, für die Ausstellung PLANET 3.0 angefertigt.

Glossar

Das **2-Grad-Ziel** ist ein auf der Klimakonferenz von Cancún beschlossener Kompromiss der Staatengemeinschaft, die Folgen des Klimawandels erträglich zu halten. Man geht davon aus, dass die Menschheit einen Anstieg der durchschnittlichen globalen Temperatur um 2°C (gegenüber der Temperatur vor Beginn der Industrialisierung 1850) gerade noch kompensieren kann.

Die proteinogenen (proteinbildenden) **Aminosäuren** gehören zur Gruppe der α-Aminosäuren. Das sind Bausteine der Proteine, organische Verbindungen mit mindestens mit mindestens einer Carboxygruppe (–COOH) und einer Aminogruppe ($-NH_2$). Es gibt 22 proteinogene Aminosäuren. Sie wurden auch auf Kometen und Meteoriten gefunden.

Als **anaerob** bezeichnet man Stoffwechsel, der ohne Sauerstoff vor sich geht, zum Beispiel die Hefegärung beim Bierbrauen oder Keltern. Stoffwechselvorgänge mit Sauerstoff heißen **aerob**.

Die **Biokapazität** ist die Fähigkeit von Ökosystemen, Rohstoffe zu produzieren, die in wirtschaftlichen Prozessen genutzt werden können, und von Menschen produzierten Abfall aufzunehmen. Größeneinheit der Biokapazität ist der globale Hektar.

Cyanobakterien sind wahrscheinlich die ältesten Lebewesen der Erde; es gibt sie fast unverändert seit etwa 3,5 Milliarden Jahren. Die auch als Blaualgen bekannten Einzeller gehören zu den Prokaryonten: sie haben wie alle Bakterien keinen echten Zellkern.

DNA ist die Abkürzung für den englischen Begriff Desoxyribonucleic acid (auf Deutsch Desoxyribonukleinsäure – DNS). Die DNA ist der Träger der genetischen Information des Lebens. DNA wickelt sich zu Chromosomen auf, die in den allermeisten Lebewesen im Zellkern jeder Zelle zu finden ist.

Enzyme sind Eiweißmoleküle, die Stoffwechselvorgänge in den Zellen ermöglichen (katalysieren). Der Bauplan der Enzyme befindet sich auf der DNA. Die RNA dient als Bote zwischen der DNA und der Baustelle für Enzyme in der Zelle.

Erdzeitalter. Wissenschaftler unterteilen die Geschichte unseres Planeten in Erdzeitalter. Die größten Abschnitte (Hadaikum, Archaikum, Proterozoikum, Paläozoikum, Mesozoikum und Känozoikum) werden weiter unterteilt. Die Dauer der einzelnen Erdzeitalter variiert, weil Beginn und Ende mit herausragenden Änderungen auf unserem Planeten verbunden sind, die nicht regelmäßig stattfinden.

Das **Hadaikum** ist ein Erdzeitalter das vor 4,6 Milliarden Jahren begann und bis vor 4 Milliarden Jahren währte. Es ist damit das älteste Zeitalter der Erde. Ihm folgt das **Archaikum**, von 4 bis 2,5 Milliarden Jahren, in dem sich erstmals eine feste Erdkruste ausbildet. Das **Proterozoikum** schließt sich vor 2,5 Milliarden Jahren an das **Archaikum** an und dauert bis vor 541 Millionen Jahren. Vor 541 Millionen Jahren beginnt das **Paläozoikum**. Es endet vor 252,2 Millionen Jahren. Im Anschluss an das **Paläozoikum** beginnt vor 252,2 Millionen Jahren mit dem **Mesozoikum** das Erdmittelalter. Es endet vor 66 Millionen Jahren. Wir leben in der Erdneuzeit, dem **Känozoikum**, das jüngste der großen Erdzeitalter, das vor 66 Millionen Jahren begann.

Als **invasiv** bezeichnet man Tier- und Pflanzenarten, die an einem bestimmten Ort natürlicherweise nicht vorkommen, vom Menschen dorthin verbracht wurden und in der Folge natürlicherweise hier vorkommende Arten verdrängen.

Elemente mit gleicher Anzahl Protonen im Atomkern, aber einer abweichenden Anzahl von Neutronen, nennt man **Isotope** (isos und topos = am gleichen Ort). Sie verhalten sich chemisch nahezu identisch, haben aber eine unterschiedliche Masse.

Nukleotide sind die Grundbausteine der Nukleinsäuren, also der DNA und RNA. Diese bestehen aus nur fünf Nukleobasen: Adenin, Guanin, Cytosin, Thymin und Uracil. Für ein komplettes Nukleotid werden ein Zucker (Pentose) und ein Phosphat (Phosphorsäurerest) hinzugefügt.

Magma ist geschmolzenes Gestein, welches in verschiedenen Bereichen der Erde vorkommen kann. Gesteinsschmelzen fließen bei Vulkanausbrüchen als Lava aus der Erde.

Paläo-Biogeographie ist der wissenschaftliche Zweig der Biogeographie, der sich mit dem Vorkommen der Tiere und Pflanzen anhand vorzeitlicher Spuren beschäftigt.

„**Paläo-Biomasse**" ist unsere Wortschöpfung für Öl, Kohle, Torf und Gas – Energieträger, die alle pflanzlichen Ursprungs sind. Allerdings wuchsen diese Pflanzen vor Millionen von Jahren, in der „alten" (= paläo) Zeit der Erde.

Die **Photosynthese** ist die Fähigkeit von Pflanzen und manchen Bakterien, aus Sonnenenergie chemische Energie zu erzeugen. Dabei wird Kohlendioxyd chemisch reduziert und Wasser oxydiert; es bilden sich Sauerstoff und Zucker.

Ein **Radikal** ist die meist sehr kurzlebige Form eines Atoms oder Moleküls mit einem Elektronenüberschuss. Durch das oder die freien Elektronen ist das Atom (Molekül) sehr reaktionsfreudig und kann auch stabile Moleküle wie Wasser oder Sauerstoff spalten. Radikale spielen bei der Ozonbildung und dem Abbau von Schadstoffen in der Stratosphäre eine wichtige Rolle.

Die **Resilienz** oder Wiederstandsfähigkeit beschreibt die Toleranz eines Systems gegenüber Störungen. Ökosysteme sind resilient, wenn sie bei ökologischen Störungen stabil (funktionsfähig) bleiben, also nicht in einen anderen Zustand übergehen.

RNA ist die Abkürzung für Ribonukleinic acid (auf Deutsch Ribonukleinsäure – RNS). Die RNA überträgt die genetische Information der DNA und bildet den Bauplan für Enzyme im Zellstoffwechsel.

Tiere, die an ihrem Untergrund festgewachsen sind, wie Muscheln, Korallen oder Schwämme, werden als **sessil** (festsitzend) bezeichnet.

Theia ist ein hypothetischer Protoplanet, der wie die anderen Planeten kurz nach Entstehung unseres Sonnensystems um die Sonne kreiste. Er kollidierte mit der frühen Erde. Dabei wurde ein Teil der Erde und Theias in eine Umlaufbahn um die Erde geschleudert, und der Mond war geboren.

Die **UV-C Strahlung** ist der Anteil des ultravioletten Spektrums des Sonnenlichts mit einer Wellenlänge von 200 bis 100 nm. Die UV-C Strahlung ist so energiereich, dass sie vom Sauerstoff absorbiert wird. Dabei bilden sich freie O-Radikale, die mit anderen Sauerstoffmolekülen zu Ozon reagieren.

Impressum

Herausgeber
Prof. Dr. Dr. h.c. Volker Mosbrugger
Senckenberg Gesellschaft für Naturforschung
Senckenberganlage 25, 60325 Frankfurt am Main

Autoren
Dr. Frauke Fischer, Dr. Heinrich Schneider
auf! Agentur für Umweltfragen
Eckenheimer Landstraße 50, 60318 Frankfurt am Main

Wissenschaftliche Beratung
Prof. Dr. Thomas Hickler, Biodiversität und Klima-Forschungszentrum (BiK-F), Frankfurt am Main
Prof. Dr. Andreas Mulch, Biodiversität und Klima-Forschungszentrum (BiK-F), Frankfurt am Main

Lektorat und Korrektorat
Textbüro-Hammann Laura Kaschny, Bad Nauheim
Hartmut Schneider, Meinerzhagen

Layout, Satz und Bildbearbeitung
Ira Olaleye, Crossmedia Beratung & Design, Eschborn

Druck und buchbinderische Verarbeitung
Heinrich Fischer Rheinische Druckerei GmbH, Worms

MIX
Papier aus verantwortungsvollen Quellen
FSC® C005178

Sponsoren
Mit freundlicher Unterstützung von
Hassia Mineralquellen GmbH & Co. KG

Die gleichnamige Sonderausstellung „PLANET 3.0 – Klima. Leben. Zukunft"
wurde von der KfW Stiftung unterstützt.

Vertrieb
E. Schweizerbart'sche Verlagsbuchhandlung (Nägele u. Obermiller),
Johannesstraße 3A, 70176 Stuttgart
www.schweizerbart.de, E-Mail: mail@schweizerbart.de
Informationen zu diesem Titel: www.schweizerbart.de/9783510614011

www.senckenberg.de

ISBN 978-3-510-61401-1

Printed in Germany